V
353

AF297090

MATÉRIELS D'ARTILLERIE
ET BATEAUX DE GUERRE

VUE DE LA FONDERIE ROYALE DU CREUZOT PRÈS MONCENIS EN BOURGOGNE
1782

LES
ÉTABLISSEMENTS SCHNEIDER

MATÉRIELS D'ARTILLERIE
ET BATEAUX DE GUERRE

PARIS
IMPRIMERIE GÉNÉRALE LAHURE
9, RUE DE FLEURUS, 9

1914

LES
ÉTABLISSEMENTS SCHNEIDER

MATÉRIELS D'ARTILLERIE
ET BATEAUX DE GUERRE

PARIS

IMPRIMERIE GÉNÉRALE LAHURE

9, RUE DE FLEURUS, 9

1914

ÉTABLISSEMENTS SCHNEIDER

MAISON DE PARIS

Siège Social et Direction Générale (42, rue d'Anjou, Paris, VIIIe). — Bureaux d'études techniques (135, rue de la Convention, Paris XVe).

USINE DU CREUSOT (Saône-et-Loire).

Mine de houille; Fours à coke, Hauts fourneaux; Aciéries Bessemer et Martin, Fonderie d'acier; Forges, Laminoirs, Presses et Pilons; Ateliers de constructions mécaniques; Ateliers d'artillerie, Polygones.

USINES DU HAVRE, D'HARFLEUR ET DU HOC (Seine-Inf^{re}).

Ateliers d'artillerie; Champs de tir d'Harfleur et du Hoc.

CHANTIERS DE CHALON-sur-SAONE (Saône-et-Loire).

Constructions navales; Travaux publics (Ponts, Charpentes, Appareils de levage); Chaudronnerie d'artillerie; Atelier de zingage.

USINE DE CHAMPAGNE-SUR-SEINE (Seine-et-Marne).

Machines électriques; Appareillage; Constructions électromécaniques.

ATELIERS DE PRÉCISION DE PARIS (Paris XVe).

Appareils de précision.

STATION DU CREUX-SAINT-GEORGES (Rade de Toulon).

Station d'essais pour contre-torpilleurs et submersibles; transport des submersibles par le bateau-transport « Kanguroo ».

BATTERIE DES MAURES (Rade d'Hyères, Var).

Ateliers et champ de tir pour la fabrication et le réglage des torpilles.

DOUILLERIE DE BORDEAUX (Bordeaux, Gironde).

Douilles pour munitions d'artillerie.

MINES DE FER DE DROITAUMONT ET DE BRIEY
(Meurthe-et-Moselle).

HOUILLÈRES DE DECIZE (Nièvre).

USINE DE PERREUIL (Saône-et-Loire).

Produits réfractaires métallurgiques.

MM. Schneider possèdent, en outre, des intérêts très importants et des participations dans de nombreux établissements français et étrangers, qui en vertu d'accords spéciaux et du contrôle exercé par eux, constituent en quelque sorte une extension de leurs propres ateliers.

PRINCIPALES FILIALES

CHANTIERS ET ATELIERS DE LA GIRONDE (Bordeaux).

Constructions navales.

SOCIÉTÉ D'OUTILLAGE MÉCANIQUE ET D'USINAGE D'ARTILLERIE, USINES BOUHEY ET USINES FARCOT
(Saint-Ouen, Seine).

Artillerie; Automobiles; Machines-outils.

SOCIÉTÉ DE MOTEURS A GAZ ET D'INDUSTRIE MÉCANIQUE (Paris, XVe).

Moteurs; Pompes; Installations frigorifiques; Constructions mécaniques.

SOCIÉTÉ DES CHANTIERS ET ATELIERS DU TEMPLE
(Cherbourg, Manche).

Chaudières; Charpentes métalliques.

SOCIÉTÉ D'OPTIQUE ET DE MÉCANIQUE DE HAUTE PRÉCISION (Paris, IIIe).

Optique militaire et civile; Appareils de haute précision.

CHARBONNAGES DE WINTERSLAG (Belgique).

MINES DE FER DE LA PINOUSE, DE PALALDA ET DE VELMANYA

NOTICE HISTORIQUE

Une charte de 1253, par laquelle Henry de Monestoy vendait à Hugues, duc de Bourgogne, tout ce qu'il possédait au village de *Crosot*, est le premier document connu où le nom du Creusot soit mentionné.

La découverte d'un gisement houiller au Creusot, en 1502, fut le véritable point de départ de la création d'un établissement métallurgique auquel, quatre siècles plus tard, MM. Schneider devaient donner un haut degré de développement. Du xvi° au xviii° siècle, l'extraction de la houille ne fut poursuivie qu'aux affleurements; c'est à partir de 1769, date de la concession accordée par Louis XV à François de la Chaise, seigneur de la Baronnie de Montcenis[1], que commença une exploitation rationnelle et importante.

En 1782, à la suite d'une enquête ordonnée par le roi, en vue de la création de « hauts fourneaux et autres usines à la manière anglaise » pour le service de la Marine, fut construite, au Creusot, sous le patronage de Louis XVI, une fonderie fort importante pour l'époque. Elle reçut le nom de *Fonderie Royale de Montcenis*. Des conventions passées avec la houillère, dont la concession fut d'ailleurs entièrement rachetée par la fonderie en 1786, assurèrent dès l'origine l'alimentation en combustible.

---

1. Avant d'être érigé en commune, le Creusot, situé sur la paroisse du Breuil, dépendait de la Baronnie de Montcenis. Jusqu'à la fin du xviii° siècle, on employa indifféremment les noms de Montcenis ou du Creusot pour désigner la houillère et les Établissements du Creusot.

Quatre hauts fourneaux furent élevés, de nouveaux puits furent creusés pour l'extraction de la houille, transformée sur place en coke. Le minerai de fer était apporté des mines voisines de Chalencey et

Jeton et Sceau de la houillère du Creusot   Sceau de la Manufacture des
(xviiiᵉ siècle).   cristaux de la Reine.

de la Pâture. De spacieux ateliers contenaient des fours à réverbère, des machines à feu à marteau, une fonderie, des forges et une chaudronnerie. En dehors de nombreux canons, la Fonderie Royale livra des tuyaux, des machines à feu, et, surtout, elle alimenta en fontes

Sceaux de la Fonderie du Creusot (xviiiᵉ siècle).

françaises la Fonderie de canons d'Indret, jusqu'alors tributaire de l'Angleterre.

En 1786, sous les auspices de la reine Marie-Antoinette, une cristallerie, qui avait été d'abord établie à Sèvres, fut transférée au Creusot et réunie à la Fonderie Royale. Cette « *Manufacture des Cristeaux de la Reine* » fonctionna jusqu'en 1832.

La création, à proximité du Creusot, du canal du Centre, ouvert à la navigation en 1793, dota la région d'une voie de communication économique et importante, qui devait favoriser la rapide extension des usines.

Pendant la Révolution, la marche normale des affaires fut suspendue, la Fonderie du Creusot ayant été réquisitionnée et exploitée pour le

compte de la Nation. Un arrêté du Directoire prescrivit de la remettre à ses propriétaires, et, pendant tout l'Empire, le Creusot continua de travailler pour les Départements de la Guerre et de la Marine, fabriquant des canons de fonte et de bronze, des projectiles et du lest pour les navires de guerre. Parmi les autres fournitures de l'époque, nous citerons les conduites de la pompe à feu de Chaillot (1801 et 1802) et les lions « en fer coulé » de la façade de l'Institut de France (1809).

En 1815, après la signature de la paix, les commandes de canons et de projectiles n'alimentant plus la Fonderie, et celle-ci n'étant pas en mesure de transformer ses fabrications, le travail cessa complètement ; seule l'exploitation de la houillère fut poursuivie. Plusieurs tentatives de reconstitution des usines demeurèrent sans succès.

Finalement, une adjudication met les Usines du Creusot entre les mains de Joseph-Eugène Schneider, maître de forges à Bazeilles, et de son frère Adolphe Schneider. A la mort de celui-ci, Joseph-Eugène Schneider reste seul à la tête de la Maison. Il a pour successeur son fils Henri Schneider, né en 1840, mort en 1898, qui a lui-même pour successeur son fils Charles-Eugène Schneider, né en 1868.

* *
*

En quelques années, MM. Schneider réalisent des transformations profondes et les usines acquièrent une réputation considérable. La production de la houillère est doublée, de nouveaux hauts fourneaux sont construits. Aux anciennes mazeries, destinées à fournir une fonte semi-affinée, on substitue les nouveaux procédés d'affinage dits au four bouillant (puddlage). La forge est complètement reconstituée, la fonderie maintient sa vieille réputation ; les ateliers de constructions sont presque une création nouvelle, et MM. Schneider ne négligent rien pour les monter sur le pied des plus grands ateliers d'Angleterre.

MM. Schneider sont des premiers à s'occuper de la question des locomotives et livrent la première grande locomotive d'origine française qui ait fonctionné en France. En même temps, voulant étendre leurs industries aux constructions navales, ils installent sur les bords de la Saône, à Chalon, des chantiers, dont les fabrications comprendront aussi plus tard d'autres branches de la construction métallique. A ces progrès techniques correspond un grand essor commercial.

L'invention du marteau-pilon à vapeur, par M. Bourdon, ingénieur du Creusot, en 1841, transforme les conditions du forgeage et permet la production de pièces de dimensions et d'une qualité inconnues jusqu'alors.

En 1842, MM. Schneider acquièrent, près du Creusot, l'ancienne forge de Perreuil, qu'ils transforment en une fabrique de produits réfractaires métallurgiques.

Désireux d'assurer par eux-mêmes leurs approvisionnements de minerai de fer, ils acquièrent, en 1853 et en 1855, à proximité du Creusot, les concessions de Mazenay, Créot et Change, d'une étendue totale de plus de 2.000 hectares ; le minerai oolithique calcaire de celles-ci constituera, pendant soixante ans, une partie importante du lit de fusion des hauts fourneaux.

Au moment de la guerre de Crimée, en 1855, MM. Schneider rendent de grands services au pays en livrant, dans des délais très courts, un nombre considérable de machines destinées à la marine militaire ; à la même époque, ils fabriquent les premières plaques de blindage pour la protection des bateaux de guerre.

Les traités de commerce de 1860 modifient profondément les conditions

JOSEPH-EUGÈNE SCHNEIDER
1805-1875

économiques de l'industrie nationale. Pour lutter dans les conditions les plus favorables contre la concurrence étrangère, MM. Schneider se décident à transformer et à compléter leur outillage suivant un plan d'ensemble.

L'Exposition Universelle de 1867 permet d'apprécier l'importance des résultats obtenus. Les établissements couvrent, à cette époque, une superficie qui dépasse 120 hectares, dont plus de 20 hectares en bâtiments industriels. Les mines de Mazenay et de change fournissent 300.000 tonnes de minerai de fer par an, la houillère du Creusot 250.000 tonnes de charbon. Le coke est produit dans une batterie de 160 fours. Les hauts fourneaux, au nombre de 15, produisent annuellement 130.000 tonnes de fonte. Une nouvelle forge, construite pour une production annuelle de 200.000 tonnes, contient 150 fours à puddler, 85 fours à réchauffer, 41 trains complets de laminoirs et 30 marteaux-pilons : elle fournit 110.000 tonnes de fers et de tôles. Les ateliers de constructions renferment 26 marteaux-pilons et 650 machines-outils. Le personnel comprend environ 10.000 ouvriers.

ADOLPHE SCHNEIDER
1802-1845

En 1869, MM. Schneider acquièrent, entre le Creusot et Nevers, la concession houillère de Decize, d'une superficie de 8.000 hectares, et, près du Creusot, les concessions houillères de Montchanin et Longpendu, couvrant au total près de 2.500 hectares.

De 1867 à 1870, le nouveau problème de la production de l'acier est soigneusement étudié. A la suite d'essais faits par l'ingénieur Martin lui-même, la construction d'une aciérie de son système est

LE CREUSOT

(Saône-et-Loire, en 1851)

VUE PRISE DU NORD AU SUD

décidée; d'autre part, MM. Schneider introduisent en France, en 1870, la première aciérie Bessemer.

Pendant la guerre franco-allemande, MM. Schneider cherchent avant tout à collaborer à la défense nationale et se consacrent entièrement aux fabrications d'artillerie. Après la guerre, des études importantes sont poursuivies pour résoudre les problèmes intéressant l'armée et la marine.

Les progrès réalisés dans la production du fer et de l'acier, permettant d'obtenir de plus grandes masses unitaires de métal, rendent nécessaire la création d'un outillage de forgeage plus puissant : un nouvel atelier reçoit le marteau-pilon de 100 tonnes, qui demeure pendant de nombreuses années une des curiosités du Creusot.

A partir de 1884, la législation française autorisant l'exportation du matériel de guerre, MM. Schneider peuvent lutter contre le monopole de fait qui appartenait jusque-là aux usines étrangères. De vastes ateliers d'artillerie sont édifiés au Creusot; le polygone de la Villedieu est aménagé à proximité pour les tirs.

Peu de temps après la création de ces ateliers d'artillerie, pressentant l'extension prochaine des industries électriques, MM. Schneider installent, également au Creusot, des ateliers d'électricité.

En présence de la faveur croissante des aciers moulés, qui se fabriquaient déjà avec succès aux aciéries, une fonderie d'acier autonome est construite en 1892.

*
* *

Les importantes étapes, franchies par les Établissements Schneider depuis 1836, sont encore dépassées par les développements réalisés à partir de 1897.

C'est d'abord l'installation, au Havre, d'ateliers d'artillerie et l'organisation du champ de tir du Hoc, établi entre le Havre et Harfleur, pour exécuter en mer les tirs des gros matériels de bord et de côte.

Au polygone du Hoc sont bientôt juxtaposés de vastes ateliers, en vue du chargement des munitions, et des dépôts de projectiles.

Les essais des matériels d'artillerie sur roues exigent à leur tour un champ de tir à longue portée ; il est établi, en 1899, près d'Harfleur, à 7 kilomètres du Havre et à 2 kilomètres du Hoc, sur les terrains bordant l'estuaire de la Seine. Près de ce champ de tir est bientôt implanté un groupe d'ateliers qui, en moins de dix ans, est devenu un établissement considérable, destiné aux fabrications d'artillerie.

Les fabrications électriques suivant une progression non moins rapide que celles d'artillerie, il est décidé de leur affecter un établissement spécial, édifié, en 1903, à Champagne-sur-Seine, entre Moret et

HENRI SCHNEIDER
1840-1898

Fontainebleau : depuis 1904 les ateliers de Champagne ont construit des machines représentant une puissance totale de près de 1.000.000 kilowatts.

En 1907 est commencé l'équipement d'une des concessions de minerai de fer, obtenues par MM. Schneider dans le bassin de Briey, à Droitaumont. L'extraction annuelle, qui atteint déjà 600.000 tonnes, doit être amenée graduellement à 1.200.000 tonnes ; ce minerai alimente en partie les hauts fourneaux du Creusot.

Pour développer leurs industries navales. MM. Schneider avaient, en 1882, participé très largement à la création des Chantiers et Ateliers de la Gironde. à Bordeaux ; à partir de 1906. ces chantiers sont équipés de manière à pouvoir construire les plus puissants bateaux des marines de guerre. Depuis cette dernière date. le déplacement total des navires qu'ils ont mis sur cale dépasse 125.000 tonnes.

En 1909. MM. Schneider centralisent. dans la rade d'Hyères. les ateliers et le champ de tir de la Batterie des Maures. en vue de la construction des torpilles automobiles. commencée depuis 1907 ; ils assurent ainsi. en France. une fabrication jusque-là monopolisée par l'étranger.

L'année suivante. la station d'essais du Creux-Saint-Georges est fondée. dans la rade. de Toulon. pour la mise au point et les essais des contre-torpilleurs et des submersibles. construits. soit à Chalon-sur-Saône. soit aux Chantiers de la Gironde.

En 1912. MM. Schneider prennent une part importante à la création des charbonnages de Winterslag. dans la Campine belge.

En 1913. ils établissent à Paris. rue de la Croix-Nivert. des « ateliers de précision » susceptibles de produire les nombreux appareils de précision entrant dans leurs diverses fabrications.

Ils viennent. en outre. de créer. à Bordeaux. une usine pour la production des douilles de projectiles d'artillerie.

Les travaux publics et les entreprises générales sont également. depuis quelques années. une branche considérable de l'activité de MM. Schneider. qui, en particulier. exécutent des travaux importants pour les ports du Havre. de Rosario. de Belem-Para (Brésil). de Casablanca. d'Alexandrie (Égypte). pour les Chantiers de Reval (Russie). etc... etc....

Enfin, l'extension de leurs affaires d'artillerie. de moteurs et de chaudières les amène. en sus de la transformation et de l'agrandissement de leurs propres ateliers, à contribuer au développement ou même à la création de sociétés filiales. sur lesquelles ils exercent un contrôle industriel, qui équivaut à l'accroissement de leurs propres moyens de production.

A côté de ces nombreuses créations, il faut rappeler les transforma-tions profondes et les agran-dissements, effectués depuis quinze ans dans les usines du Creusot et les chantiers de Chalon-sur-Saône, dont les moyens de production, toujours maintenus en har-monie avec les besoins in-dustriels, sont encore, à l'heure actuelle, en cours de remaniement complet.

Pendant les dix der-nières années, les Établisse-ments Schneider ont vu leur personnel s'accroître de qua-rante-cinq pour cent, et cela malgré l'augmentation et le perfectionnement de l'outil-lage qui équivaut, de son côté, à une augmentation notable du personnel ou-

CHARLES-EUGÈNE SCHNEIDER
NÉ EN 1868

vrier. Quant à la puissance d'outillage actuellement obtenue, nous pour-rons en donner une idée par les chiffres suivants : la superficie totale des terrains possédés par MM. Schneider s'élève à 6.000 hectares, dont 495 de terrains industriels, comprenant 60 hectares de bâtiments couverts. La longueur des réseaux de voies ferrées de tous les Établissements est de 290 kilomètres; ces voies ferrées sont desservies par 65 locomotives et 5.700 wagons. La puissance totale des machines à vapeur et à gaz est de 70.000 chevaux, celle des installations électriques de 46.000 kilowatts;

les chaudières ont une surface de chauffe de 45.000 mètres carrés. Le nombre des machines-outils atteint 4.200. La longueur des lignes de transport d'énergie électrique pour la force motrice et pour l'éclairage est respectivement de 250 et 295 kilomètres; 465 kilomètres de lignes téléphoniques desservent 690 postes. Ces chiffres ne s'appliquent qu'aux Établissements Schneider et ne comprennent pas les filiales. (Nous donnons là les chiffres actuels, mais ils seront bientôt notablement dépassés, grâce aux nombreux développements et aux agrandissements à l'étude ou en voie d'exécution, au Creusot, au Havre, à Champagne-sur-Seine, à Paris, etc.)

* * *

A côté de ce développement technique et industriel, une œuvre d'économie sociale importante a été accomplie par MM. Schneider, dans l'intérêt de leur personnel, auquel, depuis de longues années, ils ont eu la préoccupation d'assurer le bien-être moral et matériel.

Dès 1867, au moment de l'Exposition Universelle de Paris, de nombreuses publications mirent en lumière les étapes parcourues dans la solution des questions ouvrières au Creusot. La formation professionnelle, l'évaluation des salaires, la constitution de l'épargne, le problème de l'habitation ouvrière, le régime des allocations aux malades et aux blessés avaient reçu des solutions qui, après avoir longtemps fait leurs preuves, conservent tout leur intérêt théorique et pratique.

L'impulsion donnée fut méthodiquement suivie. Les institutions existantes furent améliorées; de nouveaux problèmes furent étudiés et résolus, avec le même souci d'équité et de sollicitude pour les travailleurs : réglementation des heures de travail, épargne scolaire, développement du service hospitalier, maison de retraite pour les vieillards. En 1893, M. Georges Picot déclarait, à l'Institut de France, que « l'ensemble des institutions de prévoyance créées par MM. Schneider, depuis 1836, comprend tout ce qui concerne la vie de l'ouvrier ».

Plus récemment, des questions importantes ont encore été l'objet de
dispositions spéciales : réglementation de l'hygiène et de la sécurité du
travail, création de l'enseignement professionnel supérieur, développement de la mutualité, inspection médicale scolaire, création de l'enseignement ménager, instruction et éducation des orphelins de père ou de
mère, préparation militaire, etc...

Celles de ces institutions qui concernent, d'une manière plus
particulière, l'organisation sociale, retiennent l'attention à un double
point de vue : d'un côté par leur caractère nettement professionnel et
corporatif, d'un autre côté par leur antériorité souvent très longue
par rapport à des dispositions législatives plus ou moins récentes, ou
même à l'étude, avec lesquelles elles ont de grandes analogies et qui
semblent parfois s'en être inspirées.

En raison du nombre croissant de leurs Établissements, en
diverses régions de la France, MM. Schneider n'ont pas maintenu
rigoureusement, dans des centres de mentalité et de traditions très
différentes, le cadre primitif tracé à quelques-unes de leurs institutions
au Creusot ou dans les Établissements voisins; ils ont cherché à concilier
l'harmonie d'une même conception sociale avec le respect d'usages
locaux. Les questions d'Économie Sociale sont trop complexes et trop
délicates pour ne pas exiger, comme premier élément de succès, des
appropriations et des adaptations, suivant les circonstances de temps
et de lieu.

MATÉRIELS D'ARTILLERIE ET BATEAUX DE GUERRE

I

FABRICATION, CONSTRUCTION ET ESSAIS

LES ATELIERS D'ARTILLERIE
DU CREUSOT

Les ateliers d'artillerie du Creusot formaient, au dix-huitième siècle déjà, une partie importante de la « Fonderie Royale » et, sur un état des fournitures pour 1788, on trouve en particulier celle de « 3.000.000 pesant de canons pour l'armement des Batteries des Côtes de l'Océan et des Batteries de la Marine ».

Des procédés spéciaux y étaient étudiés et appliqués pour perfectionner la fabrication. Les travaux du Creusot, relatifs aux arts militaires, sont, à plusieurs reprises, cités par Gaspard Monge dans son ouvrage intitulé : « Description de l'art de fabriquer les canons, faite en vertu de l'arrêté du Comité de Salut Public du 18 Pluviôse, an I ». Les bouches à feu étaient alors établies suivant les types officiellement admis à l'époque, qui comportaient des canons de campagne, de siège, de place et de bord, depuis le canon d'une livre pour colonnes volantes jusqu'au canon de 36 de marine.

Malgré le ralentissement de la production que l'on constata pendant la Révolution, alors que la Fonderie du Creusot avait été réquisitionnée par la Convention, les ateliers d'artillerie n'en usinèrent pas moins, d'après les stipulations de l' « Administration de la grosse artillerie », des canons de tous calibres, tant en bronze qu'en fonte de fer, des caronades, pierriers et espingoles, des bombes et des obus à balles en fer battu.

Les fabrications d'artillerie continuèrent, très intenses, pendant toute la durée de l'Empire. Suspendues en 1815, elles ne furent reprises qu'en 1870; dans l'intervalle on trouve seulement trace d'une fourniture de cent affûts pour le Ministère de la Guerre en 1848.

Au moment de la guerre de 1870-1871, pour répondre à l'appel du Gouvernement, MM. Schneider improvisèrent, tant au Creusot qu'à Chalon-sur-Saône, des moyens d'action grâce auxquels ils achevèrent,

RAYAGE D'UN CANON DE 305 M.M

en cinq mois, vingt-cinq batteries de canons de « 7 » et seize batteries de mitrailleuses, système de Reffye, soit au total 250 bouches à feu, sans compter de nombreux affûts, caissons, chariots, forges, etc.... Parmi les vingt-cinq batteries de canons, vingt-trois étaient constituées par des bouches à feu en bronze et deux par des bouches à feu en acier.

Les idées n'étaient pas encore nettement fixées sur les qualités à exiger pour l'acier à canons. Peu de temps après la fin de la guerre, en présence de la réputation des aciers du Creusot, le Gouvernement

Français demanda à MM. Schneider de procéder à une série d'expériences approfondies, en vue de déterminer exactement les conditions complexes auxquelles devait satisfaire le métal et d'arrêter les bases de sa fabrication. Ces expériences, suivies par une commission d'officiers d'artillerie, provoquèrent la commande de matériels d'essais de

COUPOLES DE CÔTE EN MONTAGE

divers types, des calibres de 75 m/m, 78,6 m/m, 90 m/m et 95 m/m.

Cette fourniture marqua le véritable point de départ de la fabrication des canons en acier dans les Établissements Schneider. Après une période de deux ou trois années, surtout consacrée aux études, la production se développa largement : de 1875 à 1880, plus de 800 canons et affûts sortirent des ateliers du Creusot.

Dès que l'emploi des tourelles devint à l'ordre du jour, tant à bord des navires que pour les fortifications terrestres, des recherches furent poursuivies de ce côté, et bientôt la construction de ces nouveaux engins de défense était menée de front avec celle des bouches à feu. C'est ainsi que le Creusot participa aux premières fournitures de tourelles en fonte durcie pour le Génie Français et exécuta ensuite, pour ce même service, des tourelles à éclipse et divers ouvrages cuirassés.

La liberté d'exportation du matériel de guerre, accordée en 1884 à l'industrie française, donna encore un nouvel et plus décisif essor aux fabrications d'artillerie. En quelques années, d'importantes commandes furent reçues des Gouvernements Argentin, Belge, Japonais et Transvaalien, en même temps que l'on exécutait de nombreuses fournitures destinées aux Départements de la Guerre et de la Marine Français.

En 1887, il fallut édifier de nouveaux ateliers exclusivement réservés à l'artillerie. Situés à l'extrémité sud de l'usine, ils couvraient une superficie de 3.500 mètres carrés. Pendant la période de dix ans qui suivit, les études furent activement poussées, de nombreux matériels d'essai furent réalisés et, en particulier, on s'attacha à la solution du problème du matériel de campagne à tir rapide.

Les premiers matériels sur roues, à récupérateur à air, du système Schneider, furent livrés, de 1897 à 1899, à la Bulgarie, à l'Espagne, au Japon, à la Norvège. Partisans convaincus de la supériorité du récupérateur à air, MM. Schneider en perfectionnèrent très rapidement la construction et ils parvinrent bientôt à un type à la fois robuste, simple et puissant, dont les qualités furent admises, après quelques années de controverses, par les adversaires les plus convaincus de la première heure.

Dans les dernières années du dix-neuvième siècle, les agrandissements des ateliers d'artillerie du Creusot devinrent de plus en plus considérables: en 1897, de très vastes constructions portèrent leur superficie à 27.500 mètres carrés (au même moment, MM. Schneider se rendaient acquéreurs des ateliers d'artillerie, installés au Havre, en 1884, par la Société anonyme des Forges et Chantiers de la Méditerranée).

Tout un système d'artillerie est alors étudié, construit et mis au

ATELIER D'USINAGE DES CANONS DE GROS CALIBRE

point : matériels de campagne, de montagne, de débarquement, d'artillerie lourde d'armée, de siège, de place. de côte, de bord. coupoles, tourelles, etc....

Ce grand effort technique et industriel ne reste pas stérile : les puissances les plus diverses confient à MM. Schneider le réarmement

ATELIER DE MONTAGE D'ARTILLERIE

de leur artillerie, la plupart du temps à la suite de concours comparatifs très durs et souvent malgré de vieilles attaches avec des firmes étrangères. Parmi les puissances qui se sont ainsi successivement adressées à MM. Schneider, nous citerons : la Bolivie, le Brésil, la Bulgarie, le Chili, la Chine, le Danemark, l'Espagne, la Grèce, l'Italie, le Japon, le Maroc, le Mexique, la Norvège, le Pérou, le Portugal, la Roumanie, la Russie, la Serbie, la Turquie. De 1904 à 1907, en particulier, plus de trois cents batteries de matériels de campagne et de montagne, dont les deux tiers au moins destinés aux gouvernements balkaniques, sont livrées par les Établissements Schneider. Le programme très considérable du réarmement de l'artillerie russe donne lieu également à la création de types intéressants de matériels de montagne, de cavalerie, d'artillerie lourde, de siège, etc..., constituant un véritable système

ATELIER D'USINAGE DE PROJECTILES DE GROS CALIBRE

homogène et dont la majorité sont adoptés par le Gouvernement Impérial.

Les plus récentes et très importantes installations réalisées aux ateliers d'artillerie du Creusot sont destinées à la fabrication des canons de gros calibre.

L'atelier d'usinage de ces canons a été étudié en vue de la construction de matériels dont les dimensions dépasseraient sensiblement celles des plus puissants matériels en service. Il mesure près de 200 mètres de long et 62 mètres de large : il est divisé en quatre nefs, dont la plus grande. de 25 mètres de portée. est desservie par un pont électrique de 120 tonnes. Certaines des machines-outils de cet atelier ont plus de 50 mètres de longueur.

A l'heure actuelle, le service de l'artillerie occupe au Creusot une superficie d'environ 160.000 mètres carrés, dont près de 55.000 de bâtiments couverts.

Bien que la répartition des fournitures. entre les différents établissements de MM. Schneider, affectés aux fabrications d'artillerie. varie suivant la nature et l'importance des commandes. lesa teliers du Creusot qui, à l'origine. fabriquaient des canons et des munitions de tous calibres, sont surtout spécialisés maintenant dans l'usinage et le montage des matériels de gros et de moyen calibre, des matériels de bord et de côte et des tourelles.

FRETTAGE D'UN CANON DE 381 M M

LES ATELIERS DES PRESSES ET PILONS
A L'USINE DU CREUSOT

L'accroissement continu des qualités offensives et défensives du matériel d'armement, réalisé depuis une cinquantaine d'années, a exigé l'emploi, pour les canons, les projectiles et les cuirassements, de pièces élémentaires possédant des caractéristiques très spéciales et dont le poids unitaire est, dans certains cas, fort considérable. Le traitement métallurgique de ces éléments devient alors un facteur de première importance et exige souvent l'intervention d'un outillage d'une puissance tout à fait exceptionnelle, avant que les pièces ébauchées ne soient mises en œuvre dans les ateliers d'artillerie ou dans les chantiers de construcions navales.

Avant d'examiner, à cet égard, les installations de MM. Schneider dans leur usine du Creusot, il n'est pas sans intérêt de jeter un coup d'œil rapide sur la part prise par eux dans les perfectionnements apportés aux cuirassements.

L'utilisation des blindages est relativement récente, puisque c'est en 1854 que l'ingénieur français Dupuy de Lôme imagina de protéger, à l'aide de plaques de fer, les flancs des navires de combat. L'idée reçut sa première application dans la construction des batteries flottantes : la « Lave », la « Tonnante », la « Dévastation », dont les cuirassements, de 110 m/m d'épaisseur, furent fabriqués au Creusot. Progressivement on augmenta l'épaisseur de la cuirasse, pour lutter contre un accroissement corrélatif de la puissance du canon, et, en 1881, les plaques de blindage de l' « Amiral Duperré », le dernier bateau français blindé en fer. atteignaient 55o m/m d'épaisseur.

Les plaques en fer conduisaient ainsi, pour lutter contre des projectiles dont on portait le calibre jusqu'à 43o m/m, à des épaisseurs excessives, et l'on chercha à accroître la résistance du métal à la per-

LE MARTEAU-PILON DE 100 TONNES

foration en augmentant sa dureté. MM. Schneider entrèrent les premiers dans cette voie, en 1876, en envoyant au concours ouvert par la Marine Royale Italienne, à la Spezzia, une plaque en acier homogène qui se révéla très supérieure à toutes les plaques en fer.

En 1879, aux expériences comparatives organisées par la Marine Danoise, au polygone d'Amager près de Copenhague, plusieurs usines présentèrent des plaques en acier ; à l'unanimité la plaque du Creusot fut déclarée la meilleure.

Les plaques d'acier, beaucoup plus résistantes à la perforation que
les plaques en fer, se montrèrent plus fragiles ; certains métallurgistes
voulurent allier les avantages des deux types en fabriquant des plaques
mixtes (compound), for-
mées par la soudure à
chaud d'une couverte
d'acier dur sur un som-
mier en fer. Seuls en
France, MM. Schnei-
der continuèrent la fa-
brication des plaques
tout en acier et ils par-
vinrent à obtenir un
maximum de résistance
en évitant un excès de
fragilité.

A la suite des ex-
périences comparati-
ves de Muggiano, de
1882 à 1884, la Société
italienne de Terni créa
un puissant outillage
pour la fabrication des
plaques homogènes
Schneider. De même.
en 1887, les États-Unis

PRESSE A FORGER DE 2.000 TONNES

adoptèrent la plaque tout en acier ; l'usine de Bethléem traita avec
MM. Schneider et envoya des ingénieurs au Creusot pour l'étude du
matériel nécessaire et des procédés de fabrication. A partir de 1884, la
Marine Française, reconnaissant de son côté les avantages de la plaque
homogène en acier, avait adopté exclusivement le métal Schneider pour
les épreuves de recette des projectiles en acier.

En vue d'améliorer les caractéristiques des plaques homogènes, on étudia des alliages d'acier avec divers métaux spéciaux. MM. Schneider furent de nouveau les premiers à trouver la solution pratique du problème, en créant leurs plaques en acier au nickel. Les qualités supérieures de ces plaques furent mises en évidence dans les essais compa-

PRESSE A FORGER DE 3.000 TONNES

ratifs effectués, en 1890, dans le polygone de l'artillerie de marine des États-Unis, à Annapolis.

Les progrès réalisés pour les cuirassements avaient été suivis par des progrès parallèles dans la fabrication des canons et des projectiles. Aux projectiles en fonte ou en acier moulé, avaient succédé les projectiles en acier forgé, trempés très énergiquement à l'ogive. Pour briser ceux-ci, on eut recours à la cémentation de la face d'impact des plaques de blindage. Tandis qu'Harvey, en Amérique, inventait son procédé de cémentation solide, MM. Schneider introduisaient en France et y appliquaient la cémentation au gaz d'éclairage.

Pour vaincre les avantages de la cémentation, on inventa le coiffage des projectiles, qui fit baisser, d'une manière sensible, la résistance des plaques cémentées. MM. Schneider recherchèrent donc un blindage

PRESSE A GABARIER DE 6.000 TONNES

qui, tout en possédant à la face d'impact une dureté minéralogique aussi grande que celle des plaques cémentées, conserve une composition homogène dans toute son épaisseur. Ils obtinrent ainsi une plaque à constituants spéciaux maintenant adoptée par la Marine Française.

La fabrication de ces blindages et des canons de gros calibre exige des lingots d'acier énormes ; ils sont produits, au Creusot, par les aciéries Martin. Dès 1878, on y coula un lingot de 120 tonnes, dont le fac-similé figura à l'Exposition Universelle de Paris. La fosse de coulée actuelle est desservie par un pont roulant de 150 tonnes; sa profondeur est de 7 à 10 mètres et sa longueur totale atteint 42 mètres. A ses extrémités sont installées deux grandes presses à comprimer l'acier, de 8.000 et 10.000 tonnes.

Les lingots pour canons, recuits et tronçonnés aux aciéries, sont ensuite envoyés directement aux presses et pilons. Les lingots pour cuirassements sont d'abord expédiés au grand laminoir à blindages. Ce laminoir, installé dans un bâtiment de 140 mètres de longueur sur 80 mètres de largeur, comprend un train réversible à deux cages, commandé par une machine compound de 12.000 chevaux. La table des cylindres a 4 m. 250 de longueur et chaque cylindre pèse 43 tonnes. Après laminage, les plaques sont également envoyées aux presses et pilons.

Durant de nombreuses années, les pièces forgées, de dimensions ou de poids importants, et les plaques de blindage avaient été traitées entièrement, au Creusot, soit par la forge, soit par les ateliers de construction. En présence du développement des fabrications, il fut décidé, vers 1872, de créer pour elles des ateliers spéciaux qui furent dotés, notamment, d'un marteau-pilon d'une puissance inconnue jusqu'alors.

La masse frappante de ce marteau atteignait 100 tonnes. La hauteur totale de l'appareil, du dessus des fondations au sommet, était de 29 m. 500 et son poids total, y compris la chabotte, de 13.000 tonnes. L'arcade des jambages s'élevait à 3 m. 340 au-dessus de la chabotte et les pieds des jambages présentaient un écartement de 7 m. 520. Trois grues de 100 tonnes et une de 150 tonnes constituaient « l'armement » du pilon. Œuvre unique en son genre lors de sa construction, le marteau-pilon de 100 tonnes a produit, au cours de sa carrière, environ 75.000 tonnes de blindages et de pièces diverses, dont certaines de dimensions exceptionnelles. Même depuis que l'emploi des presses à forger, — dont la première fut installée au Creusot en 1889, — s'est généralisé, le célèbre pilon avait été conservé, mais il doit maintenant

PRESSE A GABARIER DE 8.000 TONNES

céder la place à une presse à forger de 10.000 tonnes, qui sera, à son tour, une des plus puissantes du monde.

Autour des grands engins de forgeage se sont développés des services annexes considérables, pour la trempe et la cémentation, pour le traitement des projectiles, pour l'usinage des blindages. L'ensemble constitue les « Ateliers des Presses et Pilons », qui s'étendent aujourd'hui sur une superficie de 70.000 mètres carrés, dont 45.000 environ de bâtiments couverts.

L'atelier des presses et des pilons proprement dit a 309 mètres de long et 50 mètres de large. Les grandes presses sont disposées dans l'axe de la travée centrale, de 25 mètres de portée. Les fours à réchauffer,

FOURS DE TREMPE DES ÉLÉMENTS DE CANONS DE MOYEN CALIBRE

les machines motrices et les accumulateurs sont répartis dans les nefs latérales. Nous citerons, en particulier, les presses à forger de 1.200, 2.000, 3.000 et 10.000 tonnes, les presses à gabarier de 1.200, 6.000 et 8.000 tonnes et deux presses à percer et à tréfiler les projectiles et les réservoirs des torpilles, de 1.200 tonnes. Ces presses sont desservies par des ponts roulants et des grues dont la puissance atteint, pour la plupart, 100, 150 et même 200 tonnes. La section des marteaux-pilons, bien que privée des grosses unités de 100 et de 40 tonnes, comprend encore toute une série intéressante de marteaux de 5, 6, 10 et 20 tonnes, pour le forgeage des pièces moyennes ou de formes compliquées.

L'atelier de cémentation et de trempe, voisin de celui de forgeage, a 277 mètres de longueur et 24 m. 350 de largeur. Il est desservi par des ponts roulants électriques de 40 et de 80 tonnes. Les nombreux fours à cémenter et à réchauffer les plaques sont placés dans des annexes latérales de l'atelier, tandis que les bâches de trempe sont établies dans son axe, pour la trempe par aspersion, par immersion, à l'huile, à l'eau froide et à l'eau chaude. Cette installation permet de traiter plus de 6.000 tonnes de blindages par an.

Pour le traitement des éléments de canons de gros calibre, deux fosses de grandes dimensions contiennent les fours verticaux et les bâches de trempe. La plus grande des deux fosses a 21 mètres de profondeur, son four a 25 mètres de hauteur et sa bâche de trempe a une profondeur de 31 mètres au-dessous du sol de la fosse. La hauteur totale, du sommet du four au fond de la bâche, est donc de 56 mètres. D'autres fours de moindre importance servent pour les éléments moyens.

Près de l'atelier de trempe et de cémentation est situé l'atelier de traitement thermique des projectiles de gros calibre.

Soit au cours du traitement thermique des blindages, soit après achèvement de leurs essais de tir, il faut procéder sur les plaques à diverses opérations mécaniques qui exigent un outillage fort important; ces opérations sont effectuées dans deux ateliers, dont l'un a 120 mètres de longueur sur 50 mètres de largeur, et le second 130 mètres de longueur sur 46 mètres de largeur. Ces ateliers renferment une grande quantité de machines-outils, de dimensions susceptibles de prendre les plus grandes plaques de blindages et les plus longs éléments de canons; ces derniers sont, après leur traitement thermique et quelques opérations d'ébauchage, envoyés aux ateliers d'artillerie.

LES ATELIERS D'ARTILLERIE
DU HAVRE, D'HARFLEUR ET DU HOC

MM. Schneider ont constitué, au Havre et dans les environs de cette ville, d'importantes installations, occupant à l'heure actuelle plus de 4.000 ouvriers et employés, et réservées d'une manière exclusive à leurs fabrications d'artillerie.

Les Ateliers du Havre. — La première étape fut l'acquisition, en 1897, des ateliers d'artillerie de la Société anonyme des Forges et Chantiers de la Méditerranée. Ces ateliers avaient été installés, en 1884, au Havre, sous la direction de M. G. Canet, dont la compétence en matière d'artillerie était universellement appréciée et qui devint, à partir de 1897 également, le collaborateur des Établissements Schneider. Un outillage, très perfectionné pour l'époque, permettait de construire des canons de tous calibres, depuis les pièces de torpilleurs, de 37 m/m, jusqu'aux plus gros matériels de bord et de côte.

Peu de temps après en avoir fait l'acquisition, MM. Schneider doublèrent presque l'importance de ces ateliers, dont la situation est particulièrement favorable, au point de vue de la réception des matières premières et de l'expédition des pièces usinées de toutes dimensions. Ils sont en effet raccordés, par des embranchements à voie normale, d'une part à la gare du Havre, et d'autre part aux quais et aux bassins du port.

L'ensemble des ateliers est constitué par sept nefs juxtaposées,

de 120 mètres de longueur; les deux nefs principales ont 15 et 17 mètres
de portée. La superficie totale est de 16.300 mètres carrés, dont 13.500
de bâtiments couverts. De 1900 à 1910, l'outillage fut plusieurs fois
remanié, pour répondre aux besoins de certaines fabrications qui
n'étaient pas encore localisées dans des établissements spéciaux. C'est

ainsi que des installations provisoires furent faites pour la construction de fusées, pour l'usinage de torpilles automobiles, pour l'usinage
et le montage de châssis d'automobiles.

Ces ateliers étant, finalement, destinés à collaborer, avec ceux
d'Harfleur, à l'usinage, à l'ajustage et au montage des matériels d'artillerie, l'outillage vient d'être entièrement refondu et complété par
l'addition, à une partie des machines existantes, de machines-outils à
grand rendement, munies des derniers perfectionnements.

Les Ateliers d'Harfleur. — Il y a quelques années à peine, la flèche gothique de la paisible ville d'Harfleur ne dominait que des prairies, aux nombreux troupeaux, s'étendant jusqu'aux eaux mêlées de la Seine et de l'Océan; il fallait un ciel sans brume pour découvrir la masse lointaine de la grande cité maritime et industrielle du Havre. Aujourd'hui, une vie de travail intense a surgi près d'Harfleur; d'immenses ateliers, un hameau de coquettes maisons ouvrières, des écoles ont été créées par MM. Schneider, formant pour eux un centre de travail entièrement nouveau.

Commencés en 1905, les ateliers occupent aujourd'hui une superficie de 80.000 mètres carrés, dont 48.300 de bâtiments couverts, et des agrandissements considérables sont encore en perspective. Établis dans de vastes terrains de pâturage, ils ont pu être étudiés sur un plan d'ensemble homogène, permettant toutes les extensions ultérieures que l'on pourrait envisager, et ils répondent aux plus modernes desiderata techniques. Pour les approvisionnements et les expéditions, ils sont raccordés, par un embranchement spécial, avec la ligne de Paris au Havre des Chemins de fer de l'État et avec les quais et bassins du port du Havre. D'autre part, ils sont élevés au bord du canal de Tancarville et un appontement permet de charger et de décharger les péniches à quelques mètres des grilles de clôture.

Les premiers bâtiments construits étaient destinés à l'usinage et au montage des fusées; ceux édifiés de 1906 à 1912 furent, suivant les besoins, affectés à la construction de matériels d'artillerie, de torpilles automobiles, de châssis d'automobiles et de munitions. Les fabrications de torpilles et d'automobiles ayant été déplacées depuis 1912, les ateliers d'Harfleur sont uniquement consacrés, à l'heure présente, à l'artillerie : matériels, munitions et artifices.

L'ensemble des installations réalisées est constitué par un édifice réservé à la direction (services administratifs et bureaux d'études), une station centrale de production de force, neuf bâtiments d'ateliers, disposés suivant des alignements rectilignes parallèles, et ayant chacun

ATELIERS D'HARFLEUR — MONTAGE DES FUSÉES

80 mètres de longueur sur 60 mètres de largeur, des magasins et des dépôts de matières premières.

L'organisation des ateliers et l'outillage ont été étudiés en vue d'obtenir une production aussi méthodique et intensive que possible, pour des travaux exécutés en grandes séries. Le travail en série est appliqué

ATELIERS D'HARFLEUR — USINAGE DES CANONS

non seulement aux projectiles et aux artifices, mais même aux matériels d'artillerie.

Les ateliers destinés à la fabrication des artifices peuvent produire, en temps de paix, 5.000 étoupilles, fusées et détonateurs par jour, en travaillant à deux équipes. En fait, de 1906 à 1913, la production moyenne a dépassé mille fusées par jour. Cette fabrication des artifices est extrêmement délicate, en raison surtout des conditions très dures imposées pour les essais d'ateliers et au tir, par les cahiers des charges récents. Elle exige, en particulier, une vérification des plus minutieuses en cours d'usinage ; on peut facilement s'en rendre compte en notant que certains types récents de fusées détonateurs contiennent plus de soixante pièces et exigent au total 175 opérations successives. Sans même parler de fusées aussi complexes, nous citerons ce fait qu'une fourniture de

ATELIERS D'HARFLEUR — USINAGE DES PROJECTILES

400.000 fusées, destinées au Gouvernement Impérial Russe, livrée en 1906-1907, a exigé la mise en œuvre de près de 20.000.000 de pièces.

La fabrication des projectiles comprend également une longue suite d'opérations, à partir de la réception des éléments bruts de forge, jusqu'à l'achèvement des projectiles prêts à être montés : opérations métallurgiques de trempe, usinage des corps, des diaphragmes et des ogives, vernissage intérieur, étuvage, ceinturage, chargement en balles des shrapnells, vérification. peinture.

La partie la plus importante de l'outillage d'Harfleur est absorbée par la construction des matériels d'artillerie. Étant donné qu'il s'agit surtout de l'usinage de matériels sur roues, les ateliers ne comportent pas de machines de très grandes dimensions, mais ils se font remarquer par le nombre et le bon agencement, ainsi que par la production intensive et

ATELIERS DU HOC — UN MAGASIN A MUNITIONS

soignée de celles qu'ils contiennent. Les transmissions ont été supprimées dans la presque totalité des cas et remplacées par des moteurs individuels pour chaque machine-outil. Depuis leur installation, les ateliers d'Harfleur ont produit un nombre considérable de batteries de canons de campagne, de montagne, de débarquement, d'artillerie lourde de campagne et d'obusiers de tous calibres.

Les Ateliers du Hoc. — Les installations du Hoc, situées à deux

kilomètres d'Harfleur, sont réservées aux principales manipulations des
poudres et explosifs, au chargement en explosif et au montage des
munitions ; elles comprennent également des poudrières et des magasins
de dépôt et d'expédition des projectiles. Reliées, par voie ferrée, aux
ateliers du Havre et à ceux d'Harfleur, elles occupent une superficie
totale de 43.000 mètres carrés. 7.400 mètres carrés seulement de cette
superficie correspondent aux bâtiments industriels. Cette faible « den-
sité » des bâtiments est maintenue en raison de leur affectation, et en vue
de réduire au minimum les risques inhérents aux matières traitées. De
même, les bâtiments sont multipliés, chacun d'eux ayant des dimensions assez faibles, et leur construction est établie d'une manière très
légère, pour localiser les accidents, qui pourraient se produire en dépit
de précautions très strictes, et en diminuer la gravité.

Les poudrières sont construites sur le modèle de celles du Département de la Guerre et munies de tous les dispositifs nécessaires à la bonne
conservation et à la vérification des poudres. Les poudres noires sont rigoureusement isolées des poudres sans fumée et placées dans des locaux
séparés.

Des ateliers spéciaux sont affectés aux manipulations et au chargement des multiples explosifs (mélinite, schneidérite, tolite (trotyl), etc.),
employés pour répondre aux desiderata des divers gouvernements. Des
compartiments distincts, isolés par d'épais massifs en maçonnerie de
briques, et ouverts à l'air libre sur une de leurs faces, servent au
chargement des projectiles en poudre noire et à la confection des petits
artifices au fulminate de mercure. Un puits d'éclatement, blindé et
recouvert d'épais terrassements, permet d'étudier, en toute sécurité,
les effets d'explosion des projectiles, le fonctionnement des fusées et des
détonateurs.

LES POLYGONES DE LA VILLEDIEU, DE SAINT-HENRI, DU HOC ET D'HARFLEUR

Les perfectionnements à apporter aux matériels existants, la mise au point des matériels nouveaux, l'étude des projectiles et des artifices, les épreuves de réception des fournitures exigent des essais de tir extrêmement nombreux, réalisés dans les conditions les plus diverses. Pour les effectuer, MM. Schneider disposent de quatre polygones, dont deux sont à proximité des ateliers d'artillerie du Creusot et les deux autres au voisinage des ateliers d'Harfleur.

La disposition topographique des environs du Creusot ne permettait pas l'établissement d'un champ de tir à longue portée; aussi y a-t-on seulement organisé, à la Villedieu et à Saint-Henri, des polygones permettant de procéder à tous les essais de balistique intérieure et aux essais de tir contre les cuirassements. La situation des ateliers d'Harfleur et du Hoc, à l'entrée de l'estuaire de la Seine, a permis, par contre, d'établir, dans les conditions les plus favorables, les polygones d'Harfleur et du Hoc, pour les tirs d'efficacité à terre et pour les tirs en mer.

L'importance des essais, effectués dans ces divers polygones, peut être indiquée par ce fait que l'on y tire annuellement plus de 20.000 coups de canons de tous calibres.

Polygone de la Villedieu. — Établi à une extrémité de l'usine du Creusot, il occupe une superficie de trois hectares et demi environ :

sa longueur est de 385 mètres et sa largeur moyenne de 100 mètres; des parados en terre gazonnée assurent une sécurité complète pour les terrains du voisinage.

La plus grande partie des tirs sont effectués dans des chambres à sable. Deux d'entre elles, construites en béton armé, permettent

ESSAIS D'UN CANON DE 340 M/M AU POLYGONE DE LA VILLEDIEU

d'expérimenter les matériels des plus gros calibres, même avec des projectiles ogivaux. Une troisième chambre à sable de dimensions moins importantes — elle n'a que dix mètres de profondeur, - sert aux essais des matériels de moyen calibre. En dehors de ces grandes chambres, utilisables seulement pour les tirs à l'horizontale, de petites chambres spéciales, de divers types, permettent d'effectuer des tirs sous des angles variant de 10° à 30°. Une des chambres est aménagée spécialement pour les tirs sur plaques de blindages; à cet effet, des parcéclats en béton armé sont placés à l'avant et de chaque côté de l'entrée.

Un pont roulant électrique de cent tonnes, à portique, dessert, sur toute sa longueur, la ligne de tir d'une des grandes chambres. Des plates-formes universelles, construites sur les lignes de tir, servent au montage des affûts. Des voussoirs mobiles, en béton armé, permettent de

POLYGONE DE LA VILLEDIEU — UNE BATTERIE

constituer, autour des matériels en essai, une véritable carapace, qui assurerait une protection complète en cas d'accident fortuit pendant le tir.

Des puits bétonnés servent au montage des tourelles de divers calibres, qui peuvent ainsi effectuer leurs essais dans les conditions de service. Grâce à des aménagements particuliers, on peut également procéder à des tirs d'épreuve contre des tourelles entièrement montées, pour essais d'endurance des blindages et des organes intérieurs des tourelles.

De spacieux emplacements de mise en batterie sont réservés pour les tirs à l'horizontale des matériels de campagne et de montagne ; ils comportent des terrains variés : terrain pavé, sol de prairie, sol sablon-neux, remblai de sco-ries, terrain argileux.

Les tirs au fusil sont effectués sur une ligne de tir spéciale, en particulier pour les essais des masques des matériels sur roues.

En dehors et à l'abri des parados, sont construites des pou-drières, renfermant des approvisionnements de poudres des catégories les plus variées, grâce auxquelles on peut exé-cuter sans délai tous les essais envisagés.

Une salle de chro-nographes, des salles d'apprêtés, des maga-sins de douilles et de projectiles, une salle

POLYGONE DE SAINT-HENRI

de vérification et de présentation des matériels et une salle de photogra-phie complètent les installations du polygone.

Polygone de Saint-Henri. — Le polygone de la Villedieu ne permet d'effectuer des essais assez complets des matériels qu'à l'hori-zontale ou sous de faibles angles de tir. Pour pouvoir expérimenter les matériels à grande amplitude de pointage en hauteur, et en particulier les obusiers, on a installé, à une extrémité de la ville du Creusot, le polygone de Saint-Henri, en utilisant les excavations d'anciennes carrières de grès rouge. Par un étroit couloir on accède au terrain de tir, sorte de cirque de forme générale elliptique, dont les parois abruptes

atteignent une vingtaine de mètres de hauteur dans la direction des tirs. A flanc de rocher, on a construit une chambre à sable, en maçonnerie de grès appareillée, se développant en hauteur. Une ouverture, ménagée à l'avant de cette chambre, est organisée de manière à servir de cible. On peut ainsi procéder à des tirs sous des angles voisins de 70°, avec des matériels de siège ou de côte de gros calibre.

Polygone du Hoc. -- Ce champ de tir, contigu aux ateliers du Hoc, a été installé au bord de l'estuaire de la Seine, et près de son embouchure, en vue d'effectuer des tirs en mer et en rivière à longue portée. On peut également y étudier les propriétés balistiques des bouches à feu au moyen de tirs dans des chambres à sable. Sa superficie totale est de 34.000 mètres carrés; pour le transport des matériels et des munitions il est relié aux ateliers du Havre et aux ateliers d'Harfleur, par des voies ferrées normales.

Il possède deux batteries. L'une, comprenant cinq plates-formes, pour matériels de tous calibres, sert soit pour les tirs en mer, soit pour les tirs dans les chambres à sable. Elle est desservie par un pont transbordeur de

80 tonnes. L'autre, formée de deux plates-formes, est placée sur la digue de protection du champ de tir, le long de la rive même de la Seine; elle est établie pour des matériels de petits et de moyens calibres. Un règlement précise les périodes pendant lesquelles on a la faculté de procéder aux tirs; les services maritimes en sont informés. De plus, avant chaque tir on s'assure qu'aucun bateau ne se trouve dans la zone dangereuse.

Une chambre à sable double a été construite en vue du tir, à charge de combat, des matériels de gros calibre.

Depuis son aménagement par MM. Schneider. le polygone du Hoc a servi à l'expérimentation et à la présentation en recette des importantes fournitures de canons de bord et de côte faites, en particulier, aux Gouvernements Bulgare, Chilien, Espagnol, Français, Italien, Japonais. Péruvien, Portugais.

Polygone d'Harfleur. — Situé à proximité immédiate des ateliers d'Harfleur, entre le canal de Tancarville et la Seine, ce champ de tir est établi dans des terrains absolument plats qui s'étendent, de l'ouest à l'est, sur une longueur de 16 kilomètres environ, d'Harfleur à Tancarville.

Il est affecté à la mise au point des nouveaux types de matériels, à l'établissement des tables de tir, aux essais de précision à grande distance, aux tirs à obus à explosifs et à l'étude expérimentale de tous les artifices.

L'emplacement des batteries et des divers services annexes occupe une superficie de 62.000 mètres carrés, dont 3.900 de bâtiments couverts. Les batteries se développent sur un front de 300 mètres et comprennent de nombreuses plates-formes pour la réalisation des tirs dans les conditions les plus diverses; plate-forme à rainures pour matériels de forteresse ou de côte, plate-forme oscillante pour matériels de bord, plates-formes à échelons pour tirs de matériels sur roues sous de grands angles, plates-formes en macadam, en sable, en pavés, en béton, en terrains de prairie, en terrains inclinés. De plus, un abri casematé, avec observatoire blindé, sert aux essais d'obus à explosifs, soit pour expérimentation des types d'explosifs nouveaux et des nouveaux modèles de projectiles. soit pour les tirs à surcharge.

Une galerie d'observation couverte, placée sur un parados des batteries, embrasse l'ensemble du champ de tir et constitue une station d'observation. munie de tous les appareils optiques nécessaires.

Trois lignes de tir principales indiquent les limites pratiques pour les tirs. Des balises, placées de 50 en 50 mètres, assurent une évaluation précise des distances. De plus, une chambre à sable. construite en avant

POLYGONE D'HARFLEUR — BATTERIE NORD

de la ligne des batteries, permet d'effectuer tous les tirs de vérification et les tirs de balistique intérieure.

Sur le polygone sont construits, à des distances diverses, un certain nombre d'objectifs, murs en briques et en béton, abris blindés, ouvrages de fortification passagère, pour les tirs d'obus à explosifs; ils sont reconstruits après les expériences. Des cibles sont également construites aux distances voulues pour les tirs de précision et d'efficacité.

Le polygone est desservi, sur toute sa longueur, par une voie ferrée de 0 m. 72 ; des embranchements, perpendiculaires à la ligne principale, servent à la mise en place des objectifs sur les lignes de tir, au transport des matériels et des munitions. Des abris, bétonnés et blindés, sont construits de distance en distance pour l'observation des résultats; ils sont tous en communication téléphonique avec les batteries et sont reliés également avec la station des appareils enregistreurs. Un wagon observatoire blindé peut, d'autre part, être placé en un point quelconque des voies ferrées.

POLYGONE D'HARFLEUR — ABRI D'OBSERVATION BLINDÉ

Les installations du polygone comprennent encore la station des chronographes, la station météorologique, un poste de télégraphie sans fil, des salles d'apprêtés, des dépôts de munitions, un parc des matériels en service ou en essais, des pistes de roulage pour étudier la résistance des matériels en service et un atelier de photographie.

LES CHANTIERS DE CHALON-SUR-SAONE

Les Chantiers de Chalon-sur-Saône, établis, comme l'ont montré des fouilles récentes, sur l'emplacement d'un camp romain, sont le plus ancien des Établissements Schneider après le Creusot, dont ils constituèrent même, pendant quelques années, la seule dépendance. Dès l'origine, on leur donna, dans la région, le nom de « Petit Creusot », et cette appellation locale a subsisté jusqu'à nos jours.

C'est en 1839 que MM. Schneider songèrent à profiter de la situation favorisée de Chalon-sur-Saône pour y créer des chantiers de construction. Placés au point de jonction de la Saône et du canal du Centre, ces chantiers voyaient leurs approvisionnements et leurs débouchés largement assurés, et, pour eux, les communications par voie d'eau étaient faciles avec les grands ports de Marseille et du Havre. Le développement des chemins de fer et, en particulier, l'ouverture, à proximité de l'usine, de la grande artère de Paris à Marseille, devaient rendre cette situation plus avantageuse encore.

Au début, les chantiers ne s'occupèrent que de constructions navales; mais, successivement, leur activité s'étendit à diverses industries : ponts et charpentes métalliques, tenders, caissons pour fondations à l'air comprimé, chaudronnerie d'artillerie, matériel de travaux publics, appareils de levage, galvanisation. Un effort continu, progressif, de développement technique et industriel, les a d'ailleurs classés, tant au point de vue conception qu'au point de vue exécution, parmi les établissements les plus réputés pour ces branches multiples de la chaudronnerie en fer, qui est, en fait, restée leur seul mais très complexe type de fabrication.

La superficie occupée par les chantiers est de 183.000 mètres carrés, dont 5o.ooo de bâtiments couverts, et le personnel comprend environ 1.5oo ouvriers et employés. Entourés, sur deux de leurs faces, par la Saône et par la ligne de Chalon-sur-Saône à Lons-le-Saulnier, de la Compagnie des chemins de fer P.-L.-M., ils sont contigus, d'autre part, à un vaste domaine de trente hectares, appartenant à MM. Schneider et permettant, pour l'avenir, tous les agrandissements que l'on pourrait envisager. De la ligne de chemin de fer se détache un embranchement, qui se raccorde avec le réseau de service intérieur. En bordure de la Saône, les chantiers s'étendent sur une longueur de 625 mètres. L'ensemble des installations est divisé en trois sections principales : constructions navales, artillerie, travaux publics. Nous n'examinerons ici que l'artillerie et les constructions navales pour les marines de guerre.

Artillerie. — Pendant la guerre franco-allemande de 1870-1871, les chantiers de Chalon-sur-Saône, unissant leurs efforts à ceux de l'usine du Creusot en vue de coopérer à la défense nationale, commencèrent à travailler pour l'artillerie. Depuis cette époque, la construction des affûts des modèles les plus divers et des caissons est demeurée une des branches normales de leurs fabrications. En fait de voitures d'artillerie, l'outillage permet de livrer, annuellement, près de 2.000 caissons et avant-trains pour matériel de campagne. On usine également à Chalon la tôlerie des tourelles de bord et de côte de tous calibres.

Les ateliers d'artillerie comprennent trois bâtiments principaux : un bâtiment de 200 mètres de longueur et de 40 mètres de largeur, en trois nefs égales; un bâtiment de 100 mètres de longueur et de 32 mètres de largeur, en deux travées égales, avec douze mètres de hauteur libre

ATELIER DE CHAUDRONNERIE D'ARTILLERIE

sous les crochets des ponts roulants; et un bâtiment de 80 mètres de longueur sur 32 mètres de largeur. Les deux premiers de ces ateliers renferment un grand nombre de machines-outils de petite et de moyenne puissance, appropriées à l'usinage des pièces à obtenir. Le troisième

ATELIER D'EMBOUTISSAGE

ne renferme aucune machine-outil; il est normalement employé au montage des tourelles de grandes dimensions.

Constructions navales. — En raison de la situation géographique des chantiers, les constructions navales sont limitées, quant au tonnage des unités à mettre sur cale, par les dimensions des écluses de la Saône et du Rhône, qui ont 100 mètres de longueur sur 12 mètres de largeur. Nous ne parlons pas du tirant d'eau, les chantiers ayant construit et possédant un chaland-dock, sorte de dock flottant, dans

lequel on charge, pour les remorquer, les bateaux dont le tirant d'eau
est supérieur à la profondeur des canaux ou des passes navigables des
rivières à l'étiage. Ces servitudes n'empêchent pas, du reste, d'aborder
des tonnages relativement élevés, ainsi qu'en témoigne la construction

récente du contre-torpilleur « Mangini », pour la Marine Française. La
longueur entre perpendiculaires de ce bateau est de 78 m. 500, sa largeur
au fort de 7 m. 85 et son déplacement en charge dépasse 800 tonnes.

C'est en 1885 que l'on commença à s'occuper de la construction de
bateaux de guerre : torpilleurs d'abord, et contre-torpilleurs quelques
années plus tard. Dès le début, les unités livrées répondirent entièrement
aux programmes fixés et d'importantes commandes furent reçues des
Gouvernements Français, Bulgare, Japonais et Ottoman.

Les problèmes de la navigation sous-marine ne pouvaient manquer de retenir également toute l'attention de MM. Schneider; aussi s'assurèrent-ils la collaboration de M. l'ingénieur Laubeuf, qui, le premier, réalisa le submersible à grande flottabilité, constituant par excellence le véritable navire de combat sous-marin. Après avoir apporté à ce type de bâtiments de nouveaux perfectionnements, ils ont, en 1909, exécuté

TORPILLEURS DE 1ʳᵉ CLASSE EN CONSTRUCTION

à Chalon-sur-Saône les premiers submersibles fournis en France à des Marines étrangères.

On a, de plus, construit, à Chalon, pour les marines de guerre, des canots et des chaloupes à vapeur, des chalands et des bacs démontables, des bateaux de servitude, des canonnières et des avisos de flottille.

L'atelier des constructions navales a 180 mètres de longueur et 45 mètres de largeur. Le travail des coques de mince épaisseur, qui exige une grande expérience et des soins particuliers, est confié à des ouvriers spécialistes qui parviennent à un grand fini d'exécution. Un atelier spécial est affecté à la formation des accumulateurs des submersibles reçus à l'état neutre et que l'on prépare entièrement pour leur montage à bord.

Les cales de montage s'étendent, à proximité de ces ateliers, sur une longueur de plus de 450 mètres et couvrent une superficie d'environ

SUBMERSIBLES EN CONSTRUCTION

10.000 mètres carrés. On peut ainsi assurer le montage simultané d'un grand nombre de coques du tonnage réalisable. La profondeur du lit de la Saône ne permettant pas de lancer les bateaux en bout ou obliquement, les cales de montage sont parallèles au bord de la rivière et l'on a adopté un mode spécial de lancement en travers sur des « coulisses » inclinées, formées d'une série de coulisseaux parallèles, et prolongées dans la rivière par deux grandes cuvettes draguées.

Pour le lancement, les coques sont supportées, suivant leurs dimensions, soit sur un berceau descendu au moyen d'un treuil à vapeur, soit sur un berceau qui glisse en chute libre sur les coulisseaux, en entraînant la coque, dont il se sépare lorsque cette dernière se trouve à flot.

L'embarquement et le montage à bord des machines ou des turbines et des chaudières des grosses coques se fait à l'aide de grues de dix tonnes, placées sur un appontement, qui sert à l'amarrage des bateaux en achèvement à flot, ou au moyen d'un titan de cinquante tonnes, placé à l'extrémité d'une estacade de 60 mètres de longueur.

En dehors des ateliers spécialisés, certains ateliers sont communs à tous les travaux de l'établissement. Ce sont l'atelier de planage, la salle de traçage, la forge, l'atelier de galvanisation et les ateliers à bois.

Tous les éléments laminés sont planés et dressés avant d'être mis en usinage. En généralisant cette pratique, même dans les cas où elle ne paraîtrait pas indispensable, soit en raison de la nature des fabrications, soit par suite du bon état des produits sur parcs, les chantiers s'assurent un travail plus fini, dont les qualités compensent largement la petite augmentation de prix corrélative.

La salle de traçage, de 130 mètres de longueur sur 20 mètres de largeur, de construction toute récente, dépasse les dimensions nécessaires pour les bateaux à construire ; elle a été établie également en vue des épures de travaux publics.

L'atelier de galvanisation peut traiter 8.000 tonnes de produits par an. Parmi ses creusets à zinc, il y en a un de 7 m. 500 de longueur, le plus grand de ceux existant en France. Il permet de galvaniser, en deux passes, des cornières de quatorze mètres de longueur et des tôles de dix mètres sur 1 m. 300.

LES CHANTIERS ET ATELIERS
DE LA GIRONDE

Depuis la création des Chantiers de Chalon-sur-Saône, en 1839, les sujétions résultant des possibilités de navigation, sur la Saône et sur le Rhône, ou sur les canaux, limitaient les industries navales des Établissements Schneider à la construction des unités de faible tonnage.

Désireux de pouvoir entreprendre la construction de navires de toutes dimensions, MM. Schneider coopérèrent, pour une très large part, en 1882, à la création des Chantiers et Ateliers de la Gironde, par la transformation et le développement d'anciennes installations. Ces chantiers jouissent d'une situation avantageuse; ils sont établis sur la rive droite de la Garonne, à faible distance et en aval de Bordeaux, en un point où le fleuve est assez profond pour permettre le lancement des plus grandes unités. La proximité immédiate de la ligne de Paris à Bordeaux, de la Compagnie du chemin de fer d'Orléans, assure de plus, par un embranchement particulier, de grandes facilités d'approvisionnement des matières à mettre en œuvre.

Dès 1882, le nombre des cales fut augmenté; progressivement l'outillage fut amélioré; toutefois, c'est surtout à partir de 1906 que de nouveaux et considérables aménagements ont été effectués, plaçant les Chantiers de la Gironde au premier rang de ceux susceptibles de livrer, sans aucun aléa et d'une manière très rapide, des bateaux de toutes catégories.

L'étude technique des projets est faite sous la direction d'ingénieurs du corps du Génie Maritime et les solutions proposées ont été souvent l'objet d'appréciations flatteuses. On peut signaler, à cet égard, que plusieurs des bâtiments livrés à la Marine Française ont été exécutés en entier d'après les plans présentés par les chantiers.

Parmi les constructions les plus intéressantes pour les marines

LA GRANDE SALLE A TRACER

de guerre, nous citerons : les cuirassés d'escadre de la Marine Française « Requin » (7.740 tonnes), « Vérité » (14.870 tonnes), « Vergniaud » (18.300 tonnes), « Languedoc » (25.200 tonnes), le croiseur-cuirassé « Kléber » (7.700 tonnes), le croiseur porte-torpilleurs « Foudre » (6.900 tonnes), l'aviso « Nadiejda » pour la Marine Bulgare, le transport de submersibles « Kanguroo » (5.500 tonnes). Certaines de ces unités, comme la « Foudre » et le « Kanguroo » soulevaient, par le but spécial qu'elles avaient à remplir, des difficultés très complexes de construction qui ont été heureusement surmontées. Nous devons mentionner également de nombreux croiseurs protégés, torpilleurs, contre-torpilleurs et submersibles [1].

Quelle que soit la destination envisagée pour un bateau, les Chantiers de la Gironde le livrent entièrement terminé. Les matières pre-

LA GRANDE TÔLERIE

mières des coques (tôles, profilés, blindages et aciers moulés) leur sont en grande partie fournies par l'usine du Creusot; ils reçoivent également du Creusot, ou des autres Établissements Schneider, la plupart des appareils moteurs et évaporatoires, les canons et les munitions, les

1. Bien que nous ne nous occupions ici que des bateaux de guerre, nous croyons cependant intéressant de rappeler que les Chantiers de la Gironde ont construit récemment la *France* (10.000 tonnes), le plus grand voilier du monde, muni de moteurs auxiliaires à pétrole lourd à deux temps.

tubes lance-torpilles et les torpilles, ainsi que la longue série des appareils auxiliaires, dynamos, ventilateurs, treuils et grues électriques. La réception des matières se fait soit par eau, soit par voie ferrée.

A l'heure actuelle, les chantiers et les ateliers occupent une superficie de 220.000 mètres carrés et ils bordent le fleuve sur une longueur

de 555 mètres. Les ateliers, récemment reconstruits d'après un très important programme d'ensemble, ont pu être organisés de la manière la plus moderne, tant comme agencement que comme outillage. Un réseau de voies normales parcourt toutes les parties des chantiers et pénètre dans les ateliers.

La confection des gabarits d'exécution, en vraie grandeur, qui doit être l'objet de soins tout spéciaux, a lieu dans une série de salles à tracer, de dimensions appropriées à celles des bateaux à construire.

L'une d'elles, plus particulièrement affectée aux cuirassés, a 132 mètres de longueur sur 22 m. 50 de largeur, soit une superficie de plus de 3.000 mètres carrés.

L'atelier de forge et de formage des membrures a 130 mètres de longueur et 45 mètres de largeur. Le formage et l'équerrage des

FORGE — TRAVÉE N° I

grandes membrures se font dans cet atelier, à chaud, sur une plate-forme à cintrer de 630 mètres carrés, la plus importante de celles existant en France. Près de cet atelier se trouvent les parcs à tôles et à profilés.

Pour le traçage et le formage des tôles, on dispose d'un atelier de 90 mètres de longueur sur 55 mètres de largeur. Cet atelier renferme quelques machines très puissantes, en particulier une machine à tomber les bords, dont les rouleaux ont huit mètres de longueur et une machine à cintrer les tôles dont les rouleaux ont onze mètres de longueur. Parmi les principaux ateliers nous citerons encore la grande tôlerie, qui a 132 mètres de longueur sur 45 mètres de largeur et qui contient aussi des machines très modernes de grandes dimensions.

Enfin, en raison de l'accroissement rapide des dimensions et du poids des tourelles pour canons de gros calibre, destinées à l'armement des cuirassés, on a installé en 1913 un atelier puissamment outillé pour le montage des tourelles. Cet atelier, de 145 mètres de longueur sur 50 mètres de largeur, contient un important outillage spécial et des ponts roulants de grande puissance.

D'une manière générale, on assemble à terre, dans les divers ateliers, toutes les pièces et toutes les parties qui peuvent y être assemblées. Le reste du montage se fait sur les cales de construction et de lancement ou dans le bassin à flot.

La cale n° 1, la plus importante de toutes, a près de 200 mètres de longueur. Elle a été l'objet d'agrandissements successifs, au fur et à mesure de l'accroissement du tonnage des bateaux qu'elle a servi à construire; c'est sur elle qu'ont été lancés les cuirassés « Vérité » et « Vergniaud » et le croiseur-cuirassé « Kléber ». En dernier lieu, elle a été occupée par le cuirassé « Languedoc », de 25.200 tonnes, dont la longueur atteint 175 mètres et la largeur de la carène au fort 27 mètres. Cette cale est desservie par deux ponts roulants à portiques, de 26 m. 50 de hauteur libre sous crochet, et par deux grues titan, dont la portée atteint 22 mètres et la hauteur libre sous crochet 38 mètres.

Trois autres cales ont entre 150 et 200 mètres de longueur. Elles permettent aussi de construire des bateaux de fort tonnage; des cales plus petites sont affectées aux submersibles, aux chalands et aux remorqueurs.

La largeur et la profondeur de la Garonne, au droit des cales, permet de procéder au lancement des bateaux de tous tonnages. Pour simplifier la manœuvre d'embarquement à flot, les Chantiers de la Gironde, pendant de longues années, ont lancé les bâtiments presque

MISE EN CHANTIER DU « LANGUEDOC » SUR LA CALE Nº 1

achevés ; c'est ainsi que le « Kléber » et la « Vérité » pesaient respectivement 6.000 et 12.000 tonnes, pour un déplacement total de 7.700
et 14.870 tonnes, et étaient munis de leurs cuirassements, de leurs
machines, de leurs chaudières et de leurs appareils auxiliaires.

Le problème devenait cependant de plus en plus complexe en pré-

SUBMERSIBLES EN CONSTRUCTION

sence de l'augmentation ininterrompue du tonnage des cuirassés : aussi,
pour l'armement du « Vergniaud », fut-il décidé d'établir, dans les
chantiers, un bassin à flot pouvant être utilisé également comme cale
sèche. Ce bassin, d'une longueur de 203 mètres, d'une largeur de
39 mètres et d'un tirant d'eau de 10 mètres, est desservi par un pont
roulant à portique de 160 tonnes. Il est fermé, du côté de la Garonne,
d'une part par un bateau porte, d'autre part, intérieurement, par une
paire de portes busquées.

Non seulement ce bassin est utilisé pour l'achèvement des bateaux,
à flot ou en cale sèche, et pour leur carénage, mais il sert aussi, en
application d'une théorie souvent développée au cours des dernières
années, à la construction complète d'unités de gros tonnage, qui, au
lieu d'être lancées, sont simplement mises à flot après achèvement, par

LE « VERGNIAUD » EN ACHÈVEMENT DANS LE BASSIN A FLOT

remplissage du bassin. C'est ainsi que vient d'être construit le « Por-
thos », paquebot de 18.000 tonnes, commandé par la Compagnie des
Messageries Maritimes.

Les installations sont complétées par des ateliers d'ajustage et de
montage, l'atelier de chaudronnerie, l'atelier de galvanisation, les
ateliers à bois, l'atelier et le magasin de garniture, le magasin des
agrès, les ateliers d'outillage et d'entretien, les magasins d'approvisionnement et la station centrale.

LA BATTERIE DES MAURES

Jusqu'à ces dernières années, l'industrie française n'était pas outillée pour la fabrication des torpilles automobiles, et le Département de la Marine comme les fabriques d'armement et les chantiers de constructions navales privés étaient tributaires des firmes étrangères. Vers 1890, l'arsenal de Toulon avait bien installé un atelier de torpilles, mais la production de celui-ci était loin de pouvoir satisfaire aux besoins de l'armée navale.

En présence de cet état de choses. MM. Schneider, sollicités d'ailleurs par le Gouvernement Français, résolurent de créer dans leurs établissements la fabrication complète des torpilles. Ils commencèrent leurs études en 1907 et répartirent l'usinage entre l'usine du Creusot et les ateliers du Havre et d'Harfleur. Bientôt des commandes importantes de torpilles étaient reçues du Gouvernement Français et de divers gouvernements étrangers; concurremment, des réservoirs de torpilles étaient exécutés pour les marines française et étrangères.

Une question fort importante, en matière de torpilles, est celle de la mise au point, du réglage et des tirs dans les conditions d'emploi (sauf bien entendu en ce qui concerne la charge explosive. remplacée dans les lancements d'exercice par un lest équivalent). On doit aménager, sur le littoral, un champ de tir, muni de toutes les installations susceptibles à la fois de vérifier que les torpilles d'une fourniture remplissent bien les conditions des cahiers des charges et de permettre de nouvelles recherches.

Les desiderata à remplir pour obtenir un bon polygone sous-marin
sont assez complexes : il faut disposer d'une portée et d'une largeur
libres suffisantes pour exécuter tous les lancements ; la ligne de tir doit
être établie, autant que possible, au-dessus de fonds sur lesquels on
parvienne à retrouver les torpilles, qui coulent parfois en cours d'essai.

UNE TRAVÉE DU GRAND ATELIER D'USINAGE

On recherche, de plus, des eaux claires et des fonds sans roches,
l'absence de marée et de courants, et un endroit suffisamment abrité
contre les mauvais temps. Enfin le champ de tir, avec ses ouvrages, —
appontement, station de lancement, radeaux, — ne doit pas constituer
une gêne pour la navigation.

Après une étude minutieuse qui porta sur toutes les côtes méditer-
ranéennes de la France, MM. Schneider reconnurent que la rade
d'Hyères réalisait le mieux les nombreuses conditions requises et ils

résolurent d'y installer leur nouvel établissement. Une ligne de tir fut choisie dans la rade, partant d'un point situé près de la pointe de Léoube. Pour l'utiliser, il fallut construire une batterie de lancement en ciment armé, immergée par des fonds de quinze mètres environ et dont la

MAGASIN DES TORPILLES

réalisation fut considérée, par les spécialistes, comme fort intéressante au point de vue technique.

Commencés en février 1908, les travaux de la batterie de lancement furent achevés en juillet 1909; au même moment, on aménageait des ateliers de réglage, un appontement pour faciliter le transport du matériel des ateliers à la batterie, et une station de force motrice. Cette installation n'était prévue que pour faire la mise au point de réglage et recevait les torpilles toutes montées des ateliers du Havre et d'Harfleur. En présence du développement rapide de la fabrication, il fut bientôt

BATTERIE DE LANCEMENT

décidé que la « Batterie des Maures » — nom donné à l'établissement de la rade d'Hyères, - serait agrandie et pourrait concentrer toutes les études, la fabrication et le montage.

De nouvelles et importantes constructions, comprenant un bâtiment pour la direction et les bureaux d'études, de vastes ateliers et des habitations pour le personnel, furent achevées au commencement de 1913. D'autres extensions ont, depuis cette date, été déjà reconnues nécessaires et sont en voie de réalisation ; elles comportent, en particulier, l'établissement d'une deuxième ligne de tir, desservie par un môle de lancement.

CHAMBRE DE TIR DE LA BATTERIE

Le grand atelier d'usinage, d'une superficie de 6.000 mètres carrés, renferme les machines-outils de précision, mues électriquement, nécessaires pour la construction des torpilles, les sections d'ajustage et de montage, les bacs de lestage, les bancs d'essai pour les moteurs et un laboratoire de recherches et d'essais. Les ateliers annexes, les magasins et la sous-station centrale sont à proximité.

La batterie de lancement comprend, à la partie inférieure, la grande chambre de tir, munie de tubes lance-torpilles sous-marins et de tubes aériens pour torpilles de 450 m/m et de 533,4 m/m. En avant de la chambre de tir se trouve le bureau d'observation, établi en encorbellement et terminé par une véranda, close par des châssis vitrés, pour faciliter les observations au départ des torpilles. Le bureau d'ob-

APPONTEMENT ET BATELLERIE

servation est muni d'une collection d'appareils optiques et enregistreurs. L'arrière de la batterie est occupé par un compartiment réservé au réglage des gyroscopes et par une station génératrice de secours.

Le service de l'îlot et du champ de tir est effectué par un remorqueur à vapeur, quatre vedettes automobiles et des chaloupes de remorquage.

La ligne de tir est jalonnée au moyen de radeaux, soutenant des filets pour le contrôle de l'immersion des torpilles et surmontés par des passerelles d'observation.

11

Située près de l'extrémité Est de la rade d'Hyères, la Batterie des Maures se trouve à deux kilomètres du bourg de la Londe les Maures, traversé par le Chemin de fer du Sud de la France et à douze kilomètres de la station d'Hyères, de la Compagnie des chemins de fer P.-L.-M. Le transport du matériel est effectué, entre les gares de la Londe les Maures et les ateliers, au moyen de camions automobiles Schneider de cinq tonnes. Toutes les installations de la Batterie sont desservies par un réseau de voies ferrées intérieur.

Les terrains industriels s'étendent sur une superficie de 53.000 mètres carrés, dont 9.000 de bâtiments couverts. De plus, MM. Schneider possèdent un domaine limitrophe de 5o hectares permettant de prévoir largement tous les agrandissements futurs. Des massifs de grands arbres, ormes et pins, ont pu être ménagés près des ateliers, de manière à rompre le moins possible, par les lignes un peu dures des constructions industrielles, l'harmonie du paysage de la célèbre rade d'Hyères.

LA STATION DU CREUX SAINT-GEORGES

Après avoir décidé d'étendre leurs industries à la construction des bateaux pour la navigation sous-marine, MM. Schneider durent se préoccuper de faire subir aux submersibles, après leur achèvement aux chantiers de Chalon-sur-Saône ou de la Gironde, une mise au point rigoureuse et des essais très complets, en surface et en plongée, dans les conditions mêmes de service. En outre, pour les unités destinées à certaines marines étrangères qui ne posséderaient pas encore de flottille sous-marine, il fallait pourvoir à l'instruction et à la formation pratique des états-majors et des équipages.

Il était, de plus, indispensable, pour les submersibles dont la destination est lointaine, de disposer des moyens nécessaires pour les faire parvenir avec des garanties de sécurité et de discrétion absolues. C'est pour satisfaire à ces différents desiderata que fut créée, en 1910, la station d'essais du Creux Saint-Georges.

Située en rade de Toulon, dans une anse de la presqu'île de Saint-Mandrier, elle offre aux bateaux un abri particulièrement calme, protégé contre les vents régnants. La proximité immédiate des bases du cap Brun, balisées par la Marine Française pour les essais de ses submersibles, et que, d'accord avec les autorités maritimes, MM. Schneider peuvent utiliser pour leurs propres essais, permet d'effectuer ceux-ci avec autant de commodité que de précision. En vertu d'une autorisation particulière du Département de la Marine, un des secteurs de la grande rade de Toulon est, par ailleurs, réservé constamment à MM. Schneider pour les exercices de plongée de leurs submersibles et l'entraînement des équipages. Le voisinage de l'arsenal de Toulon assure aussi les plus grandes facilités pour le passage au bassin et pour le carénage des bateaux.

Le personnel technique de la station est placé sous la direction d'un officier de la Marine Française, ayant une longue pratique de la navigation sous-marine; il est composé, en majeure partie, de mécaniciens, d'électriciens et de premiers maîtres, qui ont appartenu, pendant plusieurs années, à des équipages de submersibles dans l'armée navale. Des ingénieurs des chantiers de Chalon-sur-Saône et de la Gironde apportent leur collaboration pendant toute la durée des essais.

La station reçoit les submersibles complètement terminés; elle leur fait subir des essais de vitesse, de consommation et de lancement de torpilles, en surface et en plongée, des essais de giration, de rapidité de plongée et d'émersion, de résistance de la coque aux grandes profondeurs. L'outillage permet de procéder sur place et sans retard à toutes les modifications et à la mise au point de détail qui peuvent être reconnues nécessaires. Les ateliers comprennent : la forge, la menuiserie, les ateliers d'ajustage et de montage, le magasin de dépôt et d'entretien des torpilles, le magasin d'outillage et de garniture, la station génératrice d'électricité et d'air comprimé, et un parc à pétrole.

Actuellement, les attributions de la station sont étendues aux essais de contre-torpilleurs, et à la mise au point des mines sous-marines, étudiées et construites par les Établissements Schneider.

La station est en relation, par voie de terre, avec la gare la plus proche de la Seyne, par la route de la Seyne à Saint-Mandrier; d'autre part, elle possède des vedettes automobiles qui, à tout moment, assurent les communications avec Toulon en un quart-d'heure.

Le port est constitué par un mur de quai, construit le long du rivage naturel, et par des appontements d'accostage. Les fonds ont été dragués à cinq mètres environ au-dessous du zéro des cartes

VUE GÉNÉRALE DE LA STATION DU CREUX SAINT-GEORGES

jusqu'aux points où l'on atteint des fonds de plus grande profondeur.

Une caserne est destinée au logement des équipages des submersibles ou des contre-torpilleurs en essais. Chaque équipage dispose de locaux formant une division séparée.

Lorsque les submersibles ont achevé leurs essais et lorsque leur

ATELIER DE MONTAGE DES MINES SOUS-MARINES

équipage est parfaitement entraîné à la manœuvre, il reste à les faire parvenir à leur lieu de destination. Si leur port d'attache n'est pas trop éloigné, les bâtiments, d'un type robuste et bien marin, peuvent faire route par leurs propres moyens. C'est ainsi que le « Delphin », de 3oo tonneaux, quitta la station le 3o septembre 1912, sans aucun bâtiment convoyeur, et fit route vers le Pirée, où il parvint d'une seule traite, à la vitesse moyenne de neuf nœuds, après avoir franchi une distance de 1.100 milles en six jours dans des conditions parfaites.

Quand, au contraire, le submersible est destiné à une puissance
lointaine, on ne peut songer à lui faire entreprendre seul une traversée
disproportionnée avec ses possibilités de navigation, et le remorquage en
haute mer présente trop d'aléas par les mauvais temps. MM. Schneider
se sont ralliés à la solution du transport par un bateau spécial, aménagé

SUBMERSIBLES AUX APPONTEMENTS

pour contenir le submersible dans son immense cale intérieure. Ce bateau,
de 5.500 tonneaux, auquel on a donné le nom symbolique de « Kanguroo »,
constitue effectivement une dépendance de la station d'essais.

La coque est divisée transversalement en trois tranches principales : l'arrière, qui contient la machine motrice, les moteurs auxiliaires
et les aménagements pour l'équipage; la partie centrale, véritable dock
destiné à recevoir le submersible; l'avant, présentant des dispositifs
pour l'introduction du submersible et pour l'équilibrage du navire.

Pour procéder à l'embarquement d'un submersible, on commence par modifier l'assiette du « Kanguroo » en faisant pénétrer de l'eau à l'arrière dans des water-ballasts. L'avant émerge et l'étrave est bientôt complètement hors de l'eau. On enlève alors la partie démontable de l'avant. En manœuvrant ensuite les vannes de remplissage d'une

EMBARQUEMENT D'UN SUBMERSIBLE SUR LE KANGUROO

double coque et de water-ballasts ménagés à l'avant, on fait enfoncer l'avant et le submersible pénètre en flottant dans la cale. Après son introduction, le submersible est amarré sur des ventrières en bois. En épuisant, au moyen de pompes, les water-ballasts à l'avant, on modifie de nouveau l'assiette, et dès que l'avant est assez émergé, on ferme les portes étanches et l'on remonte la partie mobile. On établit enfin, par épuisement de la double coque, l'assiette définitive du navire. Le débarquement du submersible s'effectue par les opérations inverse.

II

MATÉRIEL EN SERVICE

MATÉRIELS D'ARTILLERIE
ET
BATEAUX DE GUERRE

RÉPUBLIQUE ARGENTINE

Canons de bord de 15 c/m.

BELGIQUE

Canons de campagne de 75 m/m ; obusiers de campagne de 105,
120 et 150 m/m ; coupoles de 15 c/m.

BOLIVIE

Canons de campagne et de montagne de 75 m/m.

BRÉSIL

Canons de campagne de 75 m/m ; obusiers de 10 c/m ; mortiers de 15 c/m ;
canons de côtes et de bord de 15 c/m.

BULGARIE

Canons de campagne et de montagne de 75 m/m ; obusiers de 120 et de
150 m/m ; canons de position de 105 m/m ; canons de siège et place de
12 c/m ; canons de bord de 47 m/m, 65 m/m et 10 c/m ; canons de côtes
de 24 c/m.
Torpilleurs et aviso d'instruction.

CHILI

Canons de bord de 12 et de 15 c/m ; tourelles de 12 et de 24 c/m.

CHINE

Canons de campagne et de montagne de 75 m/m ; canons de côtes
de 24 c/m ; canons de bord de 37 m/m, 65 m/m et 10 c/m.

CUBA

Canons de campagne et de montagne de 75 m/m.

DANEMARK

Canons de campagne de 75 m/m; obusiers de 15 c/m et de 293 m/m;
tourelles de 12 et de 24 c/m.

ESPAGNE

Canons de campagne de 75 m/m; canons de montagne de 70 m/m; canons
de débarquement de 70 et 90 m/m; canons de côtes de 12 c/m et de
15 c/m; canons de bord de 70, 80, 90 m/m, 12, 14, 15, 16 c/m; tourelles
de 24, 28 et 32 c/m.

ÉTATS-UNIS D'AMÉRIQUE

Canons de côtes de 12 c/m et de 305 m/m.

FRANCE

Canons de campagne de 75, 80, 90, 95, 105 et 155 m/m; obusiers de 120,
155 et 280 m/m; coupoles; canons de côtes de 27 et de 32 c/m; canons de
bord de 37, 47, 57, 65, 75 m/m, 10, 14, 16 c/m; tourelles de 14, 19,
24, 27, 30 et 34 c/m; affûts pour canons de côte de 194 et de 240 m/m;
coupoles de 240 m/m.

108 torpilleurs; 13 contre-torpilleurs; porte-torpilleurs : *Foudre*
(6.090 tonnes); Dock releveur de submersibles; Croiseurs : *Troude,
Lalande, Cosmao, Protet, Infernet, Chanzy, Kléber* (7.700 tonnes).
Cuirassés d'escadre : *Requin* (7.740 tonnes), *Vérité* (14.870 tonnes),
Vergniaud (18.300 tonnes), *Languedoc* (25.200 tonnes).

GRÈCE

Canons de campagne et de montagne de 75 m/m; obusiers de montagne de 105 m/m; obusiers de campagne de 120 m/m; matériels de
bord de 37, 47, 65 m/m, 10, 15, 27 c/m; tourelles de 27 c/m.
Submersibles.

HAÏTI

Canons de bord de 37 m/m, 10, 12 et 16 c/m.

ITALIE

Canons de campagne de 75 m/m; canons de débarquement de 76,2 m/m;
mortiers de 21 et 26 c/m; canons de bord de 76,2, 152,4 et 381 m/m;
coupoles de 149,1 m/m.

JAPON

Canons de campagne de 75 m/m; canons de montagne de 70 m/m;
obusiers de montagne de 90 m/m; canons de côtes de 9, 12, 24 et
27 c/m; tourelles de 32 c/m.
Torpilleurs et submersibles.

MAROC

Canons de campagne et de montagne de 75 m/m.

MEXIQUE

Canons de campagne de 75 m/m; canons de bord de 57 m/m, 10 et 12 c/m.

NORVÈGE

Canons de campagne de 75 m/m; canons de position de 75 et de 105 m/m;
coupoles de 12 c/m; canons de côtes de 75, 105 et 120 m/m; obusiers
de côte de 12 c/m.

PAYS-BAS

Coupoles de 57 m/m.

PÉROU

Canons de campagne et de montagne de 75 m/m; obusiers de côtes
de 20 c/m; canons de côtes de 24 c/m.
Contre-torpilleur et submersibles.

PERSE

Canons de campagne et de montagne de 75 m/m.

PORTUGAL

Canons de campagne de 75 m/m; canons de montagne de 70 et 75 m/m; canons de débarquement de 75 m/m; obusiers de 15 c/m; canons de bord de 75 m/m, 10, 12 et 15 c/m.

ROUMANIE

Canons de montagne de 75 m/m, obusiers de 15 c/m, coupoles de 57 m/m et de 15 c/m.
Submersibles.

RUSSIE

Canons de campagne et de montagne de 3″ (76,2 m/m); canons de campagne de 42‴ (106,2 m/m); obusiers de 48‴ (121,4 m/m), de 6″ (152,4 m/m) et de 8″ (203,2 m/m); mortiers de 11″ (279,4 m/m); coupoles de 6″; canons de côtes de 75 m/m, 12, 15 et 24 c/m; canons de bord et tourelles.

SERBIE

Canons de campagne de 75 m/m; canons de montagne de 70 m/m; obusiers de 12 et 15 c/m; canons de position de 12 c/m; mortiers de 15 c/m; canons de siège et place de 12 c/m.

SUÈDE

Tourelles de 24 et de 25 c/m.

TURQUIE

Canons de montagne de 75 m/m; canons de bord de 37, 47 et 65 m/m.
Torpilleurs, Contre-torpilleurs, Gardes-côtes, Submersibles.

URUGUAY

Canons de campagne de 75 m/m.

VENEZUELA

Canons de côtes de 15 c/m.

CANON SCHNEIDER DE 75 m/m DE MONTAGNE
Type M. D. 2. T. 3

Calibre : 75 m/m.

Poids du projectile : 5 kg. 300.

Vitesse initiale : 300 m. sec.

Poids de la pièce en batterie : 536 kg.

Amplitude du pointage en hauteur $\begin{cases} -13^0 \quad \text{à} + 18^0\,45' \text{ (Essieu bas).} \\ -\ 4^0\,15'\ \text{à} +27^0\,30' \text{ (Essieu haut).} \end{cases}$

Amplitude du pointage en direction : 2° 10′ à droite, 2° 10′ à gauche.

Pour le transport à dos de mulets, ce canon se décompose en cinq colis.

CANON SCHNEIDER DE 75 m/m DE MONTAGNE
Type M. P. D.

Calibre : 75 m/m.
Poids du projectile : 6 kg. 500.
Vitesse initiale : 350 m. sec.
Poids de la pièce en batterie : 636 kg.
Amplitude du pointage en hauteur :   −12° à +20°.
Amplitude du pointage en direction : 2° 40′ à droite, 2° 40′ à gauche.

Pour le transport à dos de mulets, ce canon se décompose en six colis.

CANON SCHNEIDER DE 75 m/m DE MONTAGNE
Type M. P. C. 2

Calibre : 75 m/m.

Poids du projectile : 6 kg. 500.

Vitesse initiale : 350 m. sec.

Poids de la pièce en batterie : 610 kg.

Amplitude du pointage en hauteur $\begin{cases} -11^\circ & \text{à } +18^\circ 30' \text{ (Essieu bas).} \\ + 2^\circ 30' \text{ à } +27^\circ & \text{(Essieu haut).} \end{cases}$

Amplitude du pointage en direction : $2^\circ 15'$ à droite, $2^\circ 15'$ à gauche.

Pour le transport à dos de mulets, ce canon se décompose en six colis.

CANON SCHNEIDER DE 75 m/m DE MONTAGNE
Type M. P. C. 4

Calibre : 75 m/m.

Poids du projectile : 6 kg. 500.

Vitesse initiale : 350 m. sec.

Poids de la pièce en batterie : 645 kg.

Amplitude du pointage en hauteur $\begin{cases} -15° \text{ à } +30° \text{ (Essieu bas).} \\ -5° \text{ à } +40° \text{ (Essieu haut).} \end{cases}$

Amplitude du pointage en direction : 2ⁿ 3o′ à droite. 2ⁿ 3o′ à gauche.

Pour le transport à dos de mulets. ce canon se décompose en six colis.

CANON SCHNEIDER DE 75 m/m DE MONTAGNE
Type M. P. D. 5

Calibre : 75 m/m.
Poids du projectile : 6 kg. 500.
Vitesse initiale : 350 m. sec.
Poids total de la pièce en batterie : 612 kg.

Amplitude du pointage en hauteur $\begin{cases} +20° & \text{(Essieu bas).} \\ +28°\,40' & \text{(Essieu haut).} \end{cases}$

Amplitude du pointage en direction : 2° 7′ 30″ à droite, 2° 7′ 30″ à gauche.

Pour le transport à dos de mulets, ce canon se divise en six colis.

MORTIER SCHNEIDER DE 105 m/m DE MONTAGNE
Type O. M. 105 C. 1

Calibre : 105 m/m.

Poids des projectiles : (shrapnel) 12 kg., (obus à explosif) 14 kg.

Vitesses initiales : (shrapnel) 300 m. sec.. (obus à explosif) 250 m. sec.

Poids de la pièce en batterie : 730 kg.

Amplitude du pointage en hauteur $\begin{cases} 0° \text{ à } +35° \text{ (Essieu bas)}. \\ +25° \text{ à } +60° \text{ (Essieu haut)}. \end{cases}$

Amplitude du pointage en direction : 2ⁿ 20′ à droite, 2ⁿ 20′ à gauche.

Pour le transport à dos de mulets, ce mortier se décompose en sept colis.

CANON SCHNEIDER DE 76,2 m/m DE DÉBARQUEMENT
Type M. C. 5

Calibre : 76,2 m/m.

Poids des projectiles : (canon à terre) 5 kg. 300, (canon à bord) 8 kg. 500.

Vitesses initiales : (canon à terre) 375 m. sec., (canon à bord) 200 m. sec.

Poids de la pièce en batterie : 508 kg.

Poids de la voiture-pièce : 963 kg.

Amplitude du pointage en hauteur
$\begin{cases} 10° \text{ à } +18° \text{ (Essieu bas)}. \\ 0° \text{ à } +28° \text{ (Essieu haut)}. \\ -3° \text{ à } +28° \text{ (Tir à bord)}. \end{cases}$

Amplitude du pointage en direction : (à terre) 2" 10' à droite, 2° 10' à gauche.

A terre, ce canon peut être traîné à bras ou au moyen d'animaux ; il peut, d'autre part, être installé à bord, sur un affût spécial d'embarcation.

CANON SCHNEIDER DE 75 m/m DE CAMPAGNE
Type P. R.

Calibre : 75 m/m.
Poids du projectile : 6 kg. 500.
Vitesse initiale : 500 m. sec.
Poids de la pièce en batterie : 1.062 kg.
Poids de la voiture-pièce : 1.766 kg.
Amplitude du pointage en hauteur : — 5° à + 16°.
Amplitude du pointage en direction : 3° à droite, 3° à gauche.

Pour répondre à un programme spécial, ce canon a été muni d'un récupérateur à ressorts; tous les autres canons Schneider de campagne, de montagne et de siège sont munis de récupérateurs à air.

CANON SCHNEIDER DE 75 m/m DE CAMPAGNE
Type P. D. 6bis

Calibre : 75 m/m.

Poids du projectile : 6 kg. 500.

Vitesse initiale : 500 m. sec.

Poids de la pièce en batterie : 1.050 kg.

Poids de la voiture-pièce : 1.750 kg.

Amplitude du pointage en hauteur : — 5° à + 16°.

Amplitude du pointage en direction : 3ⁿ à droite, 3ⁿ à gauche.

CANON SCHNEIDER DE 75 m/m DE CAMPAGNE
Type P. D. 7

Calibre : 75 m/m.

Poids du projectile : 6 kg. 500.

Vitesse initiale : 500 m. sec.

Poids de la pièce en batterie : 1.096 kg.

Poids de la voiture-pièce : 1.770 kg.

Amplitude du pointage en hauteur : — 8° 30' à + 16°.

Amplitude du pointage en direction : 3° à droite. 3° à gauche.

CANON SCHNEIDER DE 75 m/m DE CAMPAGNE
Type P. D. 13bis

Calibre : 75 m/m.
Poids du projectile : 7 kg. 240 (ou 6 kg. 500).
Vitesse initiale : 485 m. sec. (ou 572 m. sec.).
Poids de la pièce en batterie : 960 kg.
Poids de la voiture-pièce : 1.560 kg.
Amplitude du pointage en hauteur : — 8° 51' à + 17° 9'.
Amplitude du pointage en direction : 4° 30' à droite, 4° 30' à gauche.

CANON SCHNEIDER DE 75 m/m DE CAMPAGNE
Type S. L. 3

Calibre : 75 m/m.
Poids du projectile : 7 kg. 240 (ou 6 kg. 500).
Vitesse initiale : 505 m. sec. (ou 572 m. sec.).
Poids de la pièce en batterie : 932 kg.
Poids de la voiture-pièce : 1.535 kg.
Amplitude du pointage en hauteur : —8° 30′ à +23°.
Amplitude du pointage en direction : 3° 58′ à droite, 3° 58′ à gauche.

CANON SCHNEIDER DE 105 m/m DE CAMPAGNE

Calibre : 105 m/m.

Poids du projectile : 14 kg.

Vitesse initiale : 500 m. sec.

Poids de la pièce en batterie : 1.830 kg.

Poids de la voiture-pièce : 2.070 kg.

Amplitude du pointage en hauteur : — 10° à +- 16°.

Amplitude du pointage en direction : 3° à droite, 3° à gauche.

CANON SCHNEIDER DE 105 m/m DE CAMPAGNE

Calibre : 105 m/m.

Poids du projectile : 16 kg. 400.

Vitesse initiale : 570 m. sec.

Poids de la pièce en batterie : 2.162 kg.

Poids de la voiture-pièce : 2.455 kg.

Amplitude du pointage en hauteur : — 5° à + 37°.

Amplitude du pointage en direction : 3° à droite, 3° à gauche.

CANON SCHNEIDER DE 105 m/m DE CAMPAGNE

Calibre : 105 m/m.
Poids du projectile : 18 kg. 400.
Vitesse initiale : 825 m. sec.
Poids de la pièce en batterie : 4.460 kg.
Poids de la voiture-pièce : 4.800 kg.
Amplitude du pointage en hauteur : — 5° à + 37°.
Amplitude du pointage en direction : 3° à droite, 3° à gauche.

CANON SCHNEIDER DE 42″′ (106,7 m/m) DE CAMPAGNE

Calibre : 106,7 m/m.
Poids du projectile : 16 kg. 400.
Vitesse initiale : 580 m. sec.
Poids de la pièce en batterie : 2.172 kg.
Poids de la voiture-pièce : 2.486 kg.
Amplitude du pointage en hauteur : —5° à +-37°.
Amplitude du pointage en direction : 3° à droite, 3° à gauche.

CANON SCHNEIDER DE 42''' (106,7 m/m) DE CAMPAGNE

Calibre : 106,7 m/m.
Poids du projectile : 18 kg. 425.
Vitesse initiale : 823 m. sec.
Poids de la pièce en batterie : 4.290 kg.
Poids de la voiture-pièce : 4.638 kg.
Amplitude du pointage en hauteur : —5° à +37°.
Amplitude du pointage en direction : 3° à droite, 3° à gauche.

CANON SCHNEIDER DE 120 m/m DE CAMPAGNE

Calibre : 120 m/m.

Poids du projectile : 24 kg.

Vitesse initiale : 600 m. sec.

Poids de la pièce en batterie : 3.550 kg.

Poids de la voiture-pièce : 3.900 kg.

Amplitude du pointage en hauteur : — 5° à + 30°.

Amplitude du pointage en direction : 3° à droite, 3° à gauche.

CANON SCHNEIDER DE 150 m/m DE SIÈGE
Type S. C. 150 N° 2

Calibre : 150 m/m.
Poids du projectile : 40 kg.
Vitesse initiale : 600 m. sec.
Poids de la pièce en batterie : 5.120 kg.
Poids de la voiture-canon : 3.622 kg.
Poids de la voiture-affût : 3.280 kg.
Amplitude du pointage en hauteur : — 5° à + 40°.
Amplitude du pointage en direction : 3° à droite, 3° à gauche.

CANON SCHNEIDER DE 155 m/m DE SIÈGE

Calibre : 155 m/m.
Poids du projectile : 43 kg.
Vitesse initiale : 600 m. sec.
Poids de la voiture en batterie : 5.525 kg.
Poids de la voiture-canon : 3.580 kg.
Poids de la voiture-affût : 4.200 kg.
Amplitude du pointage en hauteur : —5° à +40°.
Amplitude du pointage en direction : 3° à droite, 3° à gauche.

OBUSIER SCHNEIDER DE 105 m/m DE CAMPAGNE
Type O. C. 105. N° 5

Calibre : 105 m/m.
Poids du projectile : 14 kg.
Vitesse initiale maximum : 330 m. sec.
Poids de la pièce en batterie : 1.167 kg.
Poids de la voiture-pièce : 1.912 kg.
Amplitude du pointage en hauteur : — 3° à + 43°.
Amplitude du pointage en direction : 2°30′ à droite, 2°30′ à gauche.

OBUSIER SCHNEIDER DE 120 m/m DE CAMPAGNE
Type O. C. 120. N° 2

Calibre : 120 m/m.
Poids du projectile : 21 kg.
Vitesse initiale maximum : 330 m. sec.
Poids de la pièce en batterie : 1.385 kg.
Poids de la voiture-pièce : 2.115 kg.
Amplitude du pointage en hauteur : — 3° à +43°.
Amplitude du pointage en direction : 2°30' à droite, 2°30' à gauche.

OBUSIER SCHNEIDER DE 150 m/m DE CAMPAGNE
Type O. C. 150. N° 5

Calibre : 150 m/m.

Poids du projectile : 40 kg.

Vitesse initiale maximum : 330 m. sec.

Poids de la pièce en batterie : 2.363 kg.

Poids de la voiture-pièce : 2.752 kg.

Amplitude du pointage en hauteur : — 4°25' à + 43°.

Amplitude du pointage en direction : 2°30' à droite, 2°30' à gauche.

OBUSIER SCHNEIDER DE 6″ (152,4 m/m) DE SIÈGE
Type O. C. 6″ Bas

Calibre : 6″ (152,4 m/m).

Poids du projectile : 40 kg.

Vitesse initiale maximum : 380 m. sec.

Poids de la pièce en batterie : 2.870 kg.

Poids de la voiture-pièce : 3.180 kg.

Amplitude du pointage en hauteur : 0° à + 40°.

Amplitude du pointage en direction : 3° à droite, 3° à gauche.

OBUSIER SCHNEIDER DE 6″ (152,4 m/m) DE SIÈGE
Type O. C. 6″ Haut

Calibre : 6″ (152,4 m/m).

Poids du projectile : 40 kg. 900.

Vitesse initiale maximum : 380 m. sec.

Poids de la pièce en batterie : 3.130 kg.

Poids de la voiture-pièce : 3.440 kg.

Amplitude du pointage en hauteur : 0° à +40°.

Amplitude du pointage en direction : 3° à droite, 3° à gauche.

MORTIER SCHNEIDER DE 260 m/m DE SIÈGE

Calibre : 260 m/m.
Poids du projectile : 220 kg.
Vitesse initiale : 350 m. sec.
Poids de la pièce en batterie : 12.450 kg.
Poids de la voiture-mortier : 5.800 kg.
Poids de la voiture-affût : 7.000 kg.
Amplitude du pointage en hauteur : 0° à +65°.

Amplitude du pointage en direction { sur l'affût 3° à d., 3° à g. / sur la crosse 3° à d., 3° à g. } 6° à d., 6° à g.

OBUSIER SCHNEIDER DE 8″ (203,2 m/m) DE SIÈGE

Calibre : 8″ (203.2 m/m).
Poids du projectile : 98 kg. 250.
Vitesse initiale maximum : 335 m. sec.
Poids de la pièce en batterie : 5.250 kg.
Poids de la voiture-obusier : 3.350 kg.
Poids de la voiture-affût : 3.750 kg.
Amplitude du pointage en hauteur : 0° à +43°.
Amplitude du pointage en direction : 3° à droite, 3° à gauche.

MORTIER SCHNEIDER DE 9″ (228,6 m/m) DE SIÈGE

Calibre : 9″ (228,6 m/m).
Poids du projectile : 139 kg.
Vitesse initiale : 275 m. sec.
Poids de la pièce en batterie : 5.965 kg.
Poids de la voiture-mortier : 3.516 kg.
Poids de la voiture-affût : 4.190 kg.
Amplitude du pointage en hauteur : + 10″ à + 60″.
Amplitude du pointage en direction : 3° à droite, 3° à gauche.

MORTIER SCHNEIDER DE 11" (279,4 m/m) DE SIÈGE

Calibre : 11" (279,4 m/m).
Poids du projectile : 275 kg.
Vitesse initiale : 320 m. sec.
Poids de la pièce en batterie : 14.700 kg.
Amplitude du pointage en hauteur : + 10° à + 60°.
Amplitude du pointage en direction : 10° à droite, 10° à gauche.

(Voir page suivante.)

MORTIER SCHNEIDER DE 11″ (279,4 m/m) DE SIÈGE

Ce mortier tire sur plate-forme ; il est démontable, pour son transport sur roues, en quatre parties, constituant chacune une « voiture ».

Poids de la voiture-pièce . . . . 4.916 kg.
Poids de la voiture-berceau . . . . . . 4.800 kg.
Poids de la voiture-affût. . . . . 3.940 kg.
Poids de la voiture-plate-forme . . . . 5.000 kg.

OBUSIER SCHNEIDER DE 293 m/m DE COTE
sur affût à pivot central ou sur affût-truck

Calibre : 293 m/m.

Poids du projectile : 300 kg.

Vitesse initiale : 375 m. sec.

Poids de l'obusier sur affût à pivot central : 38.000 kg.

Poids de l'obusier sur affût-truck : 56.000 kg.

Amplitude du pointage vertical : — 5° à + 65°.

Amplitude du pointage horizontal : 360°.

OBUSIER SCHNEIDER DE 200 m/m DE COTE
sur affût-truck

Calibre : 200 m/m.
Poids du projectile : 100 kg.
Vitesse initiale : 425 m. sec.
Poids de l'obusier sur affût-truck : 38.245 kg.
Amplitude du pointage en hauteur : — 5° à + 60".
Amplitude du pointage en direction : 360°.

Une batterie de ces obusiers peut être constituée par deux affûts-trucks portant chacun un obusier, un wagon à munitions blindé et un wagon à personnel blindé avec observatoire. L'ensemble des 4 voitures, pesant 116.845 kg., forme un train, remorqué par une locomotive sur une voie ferrée ordinaire.

CANON SCHNEIDER DE 24 c/m DE COTE
sur affût à berceau à pivot central

Calibre : 240 m/m.
Poids du projectile : 170 kg.
Vitesse initiale : 800 m. sec.
Poids de la pièce en batterie (sans masque) : 40.600 kg.
Poids du masque : 4.300 kg.
Amplitude du pointage en hauteur : — 5°30 à + 12°.
Amplitude du pointage en direction : 360°.

Dans ce type de matériel, toutes les manœuvres peuvent être effectuées à bras; la cadence de tir n'en est pas moins de 3 à 4 coups à la
minute.

CANON SCHNEIDER DE 24 c/m DE COTE
sur affût à berceau à pivot central

Calibre : 240 m/m.

Poids du projectile : 170 kg.

Vitesse initiale : 800 m. sec.

Poids de la pièce en batterie (sans masque) : 41.000 kg.

Poids du masque : 4.500 kg.

Amplitude du pointage en hauteur : — 5° à + 15°.

Amplitude du pointage en direction : 360".

Dans ce type de matériel toutes les manœuvres de chargement sont effectuées électriquement.

CANON SCHNEIDER DE 149,1 m/m DE FORTERESSE

Calibre : 149,1 m/m.
Poids du projectile : 52 kg.
Vitesse initiale : 600 m. sec.
Poids du matériel complet (sans masque ni cuirassement) : 16.985 kg.
Amplitude du pointage en hauteur : — 8° à + 42°.
Amplitude du pointage en direction : 360°.

CANON SCHNEIDER DE 75 m/m DE BORD
semi-automatique

Calibre : 75 m/m.
Poids du projectile : 6 kg. 5oo.
Vitesse initiale : 9r5 m. sec.
Poids du matériel complet (sans masque) : 3.35o kg.
Poids du masque : 1.1oo kg.
Amplitude du pointage en hauteur : — 10° à + 15°.
Amplitude du pointage en direction : 360°.

La rapidité de tir peut facilement atteindre 3o à 35 coups bien pointés à la minute.

CANON SCHNEIDER DE 76,2 m/m DE BORD

Calibre : 76,2 m/m.
Poids du projectile : 6 kg. 500.
Vitesse initiale : 750 m. sec.
Poids du matériel complet (sans masque) : 1.600 kg.
Amplitude du pointage en hauteur : — 5° à + 20°.
Amplitude du pointage en direction : 360°.

CANON SCHNEIDER DE 10 c/m DE BORD

Calibre : 100 m/m.
Poids du projectile : 13 kg.
Vitesse initiale : 900 m. sec.
Poids du matériel complet (sans masque) : 3.780 kg.
Poids du masque : 750 kg.
Amplitude du pointage en hauteur : — 10 à +15°.
Amplitude du pointage en direction : 360°.

CANON SCHNEIDER DE 15 c m DE BORD

Calibre : 15 c/m.
Poids du projectile : 40 kg.
Vitesse initiale : 800 m. sec.
Poids du matériel complet (sans masque) : 10.000 kg.
Poids du masque : 1.100 kg.
Amplitude du pointage en hauteur : — 10° à + 15°.
Amplitude du pointage en direction : 360°.

CANON SCHNEIDER DE 152 m/m DE BORD

Calibre : 152 m/m.
Poids du projectile : 52 kg.
Vitesse initiale : 830 m. sec.
Poids du matériel complet (sans masque) : 11.200 kg.
Poids du masque : 4.500 kg.
Amplitude du pointage en hauteur : — 5° à + 16°.
Amplitude du pointage en direction : 110°.

CANON SCHNEIDER DE 381 m/m DE BORD

Calibre : 381 m/m.
Poids du projectile : 885 kg.
Vitesse initiale : 700 m. sec.
Poids du canon : 63.000 kg.
Poids de la pièce complète (canon et affût) : 96.000 kg.
Amplitude du pointage en hauteur : —5° à +18°.
Amplitude du pointage en direction : 300°.

SUBMERSIBLE SCHNEIDER-LAUBEUF

Déplacement : 3oo/44o tonnes.
Longueur : 46 m. 25.
Vitesse en surface : 14 nœuds.
Vitesse en plongée : 9 nœuds.
Armement : 5 tubes lance-torpilles.

SUBMERSIBLE SCHNEIDER-LAUBEUF

Déplacement : 3oo/46o tonnes.
Longueur : 49 m. 5o.
Vitesse en surface : 14 nœuds.
Vitesse en plongée : 9 nœuds.
Armement : 5 tubes lance-torpilles.

TRANSPORT DE SUBMERSIBLES « KANGUROO »

Déplacement : 5.500 tonnes.
Longueur : 93 m.
Largeur : 11 m. 960.
Tirant d'eau : 5 m. 960.
Longueur de la cale à submersibles : 60 m.

CROISEUR CUIRASSÉ « KLÉBER »

Déplacement : 7.700 tonnes.
Longueur : 132 m. 10.
Largeur : 17 m. 88.
Tirant d'eau : 7 m. 45.
Armement : 8 canons de 164,7 m/m.
        4 canons de 100 m/m.
     10 canons de 47 m/m.
     2 tubes lance-torpilles aériens.

CUIRASSÉ D'ESCADRE « VÉRITÉ »

Déplacement : 14.720 tonnes.
Longueur : 135 m. 25.
Largeur : 24 m. 25.
Tirant d'eau : 8 m. 36.
Armement : 4 canons de 3o5 m/m.
          10 canons de 194 m/m.
          13 canons de 65 m/m.
          10 canons de 47 m/m.
        2 tubes lance-torpilles sous-marins.

CUIRASSÉ D'ESCADRE « VERGNIAUD »

Déplacement : 18.750 tonnes.
Longueur : 146 m. 600.
Largeur : 25 m. 800.
Tirant d'eau : 8 m. 720.
Armement : 4 canons de 305 m/m.
          12 canons de 240 m/m.
          16 canons de 75 m/m. s. a.
          10 canons de 47 m/m. s. a.
           2 tubes lance-torpilles sous-marins.

CONTRE-TORPILLEUR « TENIENTE RODRIGUEZ »

Déplacement : 5oo tonnes.
Vitesse : 35 nœuds.
Longueur : 64 m. 58o.
Largeur : 6 m. 9oo.
Armement : 6 canons de 65 m/m.
          3 tubes lance-torpilles.

CONTRE-TORPILLEUR « CIMETERRE »

Déplacement : 730 tonnes.

Vitesse : 31 nœuds.

Longueur : 78 m.

Largeur : 7 m. 880.

Armement : 2 canons de 100 m/m.

              4 canons de 65 m/m.

              4 tubes lance-torpilles.

TABLE DES MATIÈRES

ACHEVÉ D'IMPRIMER

SUR LES PRESSES

DE

L'IMPRIMERIE LAHURE

EN DÉCEMBRE 1914

www.ingramcontent.com/pod-product-compliance
Ingram Content Group UK Ltd.
Pitfield, Milton Keynes, MK11 3LW, UK
UKHW022225120726
13694UKWH00002B/706